"十四五"职业教育国家规划教材

数控系统选用与维护

（第 2 版）

主　编　王晓忠
副主编　沈丁琦　秦以培
参　编　梅振益　沈　洁
　　　　王　建　陈震乾

北京理工大学出版社
BEIJING INSTITUTE OF TECHNOLOGY PRESS

内 容 简 介

本书共5章，书中借鉴了德国"双元制"职业教育相关教材的先进理念，并针对工作过程的实际情况编写。借鉴德国先进的职业教育教学模式，以就业为导向，以能力为本位，全面介绍了FANUC、SIEMENS、华中、广数、三菱五种典型数控系统，详细论述了数控系统的工作原理、各种数控系统的组成、PLC调试步骤、数控系统各部件的选用和数控机床的维护与保养，使读者能够参照书中讲解并结合实际需要完成数控系统的选用、维护和保养。

本书可供工厂数控机床使用和维修人员阅读、参考，也可供相关专业教师与工程技术人员参考，还可作为高等工科院校和中、高等职业院校数控技术、机械制造、机电一体化、自动控制应用和数控维护专业及相关专业进行工程教学和工程训练的指导教材。

版权专有　侵权必究

图书在版编目（CIP）数据

数控系统选用与维护/王晓忠主编. —2版. —北京：北京理工大学出版社，2023.7重印

ISBN 978-7-5682-7761-7

Ⅰ.①数… Ⅱ.①王… Ⅲ.①数控机床—应用—教材 ②数控机床—维修—教材 Ⅳ.①TG659

中国版本图书馆CIP数据核字（2019）第239904号

出版发行 / 北京理工大学出版社有限责任公司
社　　址 / 北京市海淀区中关村南大街5号
邮　　编 / 100081
电　　话 /（010）68914775（总编室）
　　　　　（010）82562903（教材售后服务热线）
　　　　　（010）68944723（其他图书服务热线）
网　　址 / http://www.bitpress.com.cn
经　　销 / 全国各地新华书店
印　　刷 / 定州市新华印刷有限公司
开　　本 / 787毫米×1092毫米　1/16
印　　张 / 9.5　　　　　　　　　　　　　　　　责任编辑 / 张鑫星
字　　数 / 220千字　　　　　　　　　　　　　　文案编辑 / 张鑫星
版　　次 / 2023年7月第2版第2次印刷　　　　　责任校对 / 周瑞红
定　　价 / 29.00元　　　　　　　　　　　　　　责任印制 / 边心超

图书出现印装质量问题，请拨打售后服务热线，本社负责调换

前言
FOREWORD

中等职业教育的教材建设对培养高技能人才的目标实现具有举足轻重的作用。本书以数控机床系统选用为基础，重视学生动手能力的培养，强调以学生为中心进行教学。教材在课程结构上打破了原有的学科型课程体系，通过典型数控机床和数控系统将各部分教学内容有机联系、渗透和互相贯通，强化了数控系统的结构、分类、PLC、维护保养等内容，重点介绍典型数控机床的分类、典型数控选用和保养等内容。

党的二十大报告提出："建设现代化产业体系。坚持把发展经济的着力点放在实体经济上，推进新型工业化，加快建设制造强国、质量强国、航天强国、交通强国、网络强国、数字中国。实施产业基础再造工程和重大技术装备攻关工程，支持专精特新企业发展，推动制造业高端化、智能化、绿色化发展。"中等职业教育这一教育类型对我国产业建设起着越来越重要的用，但是与快速发展的中等职业教育相比，中职教材建设明显滞后。中职教育在教学中应结合职业教育的特点。为培养学生理论联系实际的能力和踏实的工作作风，教材强调了内容的实用性，切实保证学生掌握的知识具有实用价值。教材中的机床实例大部分选用在企业中普遍使用的数控机床系统，全部程序都在相应的数控机床上进行了验证，以保持内容的实用性和准确性。教材的内容覆盖了数控中级工的知识点，并且许多实例来自江苏省数控中级工考题，对学生的数控中级工考试也有实用价值。这样就使学生较早地感受到了生产一线的氛围，及时跟上时代的要求，使学生毕业后能较快胜任工作岗位要求，以适应我国经济建设和社会发展的需要。上述措施有效地培养了学生的能力，为提高学生的素质打下良好的能力基础。有了知识和能力的基础，并注重知识、能力和素质的协调发展，协助数控实训等措施，经过一定时间的内化，将培养出高素质的数控系统选用与维护保养人才。

教材编写中也充分考虑到数控技术教学的特点，从选材内容到实例分析都作了精心的安排，力求做到内容浅显易懂、教学层次分明，重视实践技能的培养；力求通过大量的维修实例总结数控系统选用的思路与方法。本书以就业为导向，以能力为本位、以案例和项目为载体、以职业实践为主线的模块化课程体系课程改革理念，并借鉴国内外职业教育先进的教学模式，突出现场教学，引导学生明确学习目标、掌握知识与技能、丰

FOREWORD

富专业经验、强化策略选择能力，逐步提高生产实际中发现、分析、解决和反思问题的能力，以形成职业核心竞争力。

本书由长期从事数控机床开发的研究人员、数控机床生产管理维护人员和数控技术应用教学管理人员组成的编写组完成。本书共分五个章节，阐述典型数控机床的维护和保养的内容与方法；常用数控系统的原理及选型；数控机床位置检测装置的原理构成及选用、数控机床主轴伺服的组成及选用以及机床PLC的原理及选用。本书编写力求少而精，突出基本知识和基本技能的培养，条理清晰，便于学习，主要特色为：

1. 本书由国内最常用的典型数控系统为载体进行编写。
2. 内容涵盖了数控系统的各个组成部分，既考虑每块内容的独立性又考虑系统的完整性。
3. 每章内容都从原理介绍到如何正确选用，逻辑清晰明了。
4. 本书图文并茂，简洁易懂，易于学习。
5. 本书适合在实训现场教学。

本书可作为机电一体化、数控技术等专业通用教材，也可作为职业培训教材或相关技术人员的参考书。

本书由无锡立信高等职业技术学校王晓忠主编，无锡机电高等职业技术学校沈丁琦、盐城市水利工程管理处秦以培任副主编，参加编写的还有无锡机电高等职业技术学校梅振益、沈洁、无锡技师学院王建、无锡立信高等职业技术学校陈震乾。全书由王晓忠统稿。在本书编写过程中，得到了无锡机电高等职业技术学校领导及发那科职教集团等企业的大力支持和帮助，编者在此致以衷心感谢！

由于编者学识和经验有限，书中难免有错漏之处，敬请广大读者批评指正。

编　者

3.2.2 光栅的结构和工作原理 ·················· 55
　　3.2.3 直线光栅尺检测装置的辨向原理 ············ 56
　　3.2.4 提高光栅检测分辨精度的细分电路 ············ 57
3.3 旋转变压器和感应同步器 ······················ 58
　　3.3.1 旋转变压器 ························· 58
　　3.3.2 感应同步器 ························· 61
3.4 磁栅 ···································· 63
　　3.4.1 磁栅的结构 ························· 63
　　3.4.2 磁栅的工作原理 ······················ 65
3.5 典型传感器的类型与选用 ······················ 66
思考与练习 ·································· 66

第4章 数控机床伺服驱动系统

4.1 数控机床伺服驱动系统的概念 ··················· 67
　　4.1.1 伺服驱动系统的概念 ···················· 67
　　4.1.2 对伺服驱动系统的要求 ··················· 68
　　4.1.3 伺服驱动系统的组成 ···················· 69
　　4.1.4 伺服驱动系统的分类 ···················· 70
　　4.1.5 伺服驱动系统的工作原理 ·················· 70
　　4.1.6 伺服驱动系统电动机类型 ·················· 73
4.2 数控机床的进给驱动系统 ······················ 74
　　4.2.1 步进电动机驱动的进给系统 ················· 75
　　4.2.2 直流伺服进给驱动 ····················· 80
　　4.2.3 交流伺服电动机驱动的进给系统 ··············· 86
4.3 数控机床的主轴驱动系统 ······················ 89
　　4.3.1 直流主轴驱动 ························ 89
　　4.3.2 交流主轴驱动 ························ 92
4.4 典型驱动器类型及选用 ······················· 95
思考与练习 ·································· 96

目 录

第5章 数控机床可编程控制器

5.1 概述 …… 97
- 5.1.1 PLC 的产生与发展 …… 97
- 5.1.2 PLC 的基本功能 …… 98
- 5.1.3 PLC 的基本结构 …… 99
- 5.1.4 PLC 的规模和几种常用名称 …… 103

5.2 数控机床用 PLC …… 104
- 5.2.1 数控机床用 PLC …… 104
- 5.2.2 PLC 的工作过程 …… 107

5.3 FANUC PLC 指令系统 …… 108
- 5.3.1 继电器触点 …… 108
- 5.3.2 继电器线圈指令 …… 109
- 5.3.3 计时器 …… 110
- 5.3.4 计数器 …… 111
- 5.3.5 数学运算 …… 113
- 5.3.6 比较指令 …… 114
- 5.3.7 位操作指令 …… 116
- 5.3.8 数据移动指令 …… 121
- 5.3.9 数据表格指令 …… 125
- 5.3.10 数据转换指令 …… 129
- 5.3.11 控制指令 …… 130

5.4 SIMATIC 系列可编程控制器简介 …… 135
- 5.4.1 SIMATIC S7-200 …… 135
- 5.4.2 SIMATIC S7-300 …… 137
- 5.4.3 SIMATIC S7-400 …… 138
- 5.4.4 工业通信网络 …… 138
- 5.4.5 人机界面（HMI）硬件 …… 138
- 5.4.6 SIMATIC S7 工业软件 …… 139
- 5.4.7 典型 PLC 类型及选用 …… 140

思考与练习 …… 141

参考文献 …… 142

第1章 数控机床的维护与保养

数控机床的维修与保养　　大国工匠——窦铁成

学习目标

1. 知识目标

(1) 了解数控机床维护保养的目的；

(2) 了解数控机床的操作维护规程和数控机床的日常维护与保养知识、数控机床的日常点检要点；

(3) 了解CNC控制系统的检查方法及维护保养要求熟悉常见系统故障。

2. 能力目标

(1) 能按规程对数控机床进行日常点检；

(2) 能对数控系统柜进行日常检查，根据数控系统出现的故障进行判断故障原因，对故障进行处理；

(3) 能对电气控制部分进行日常检查，判断出故障原因。

3. 素养目标

(1) 通过对数控机床维护保养等知识的概述，培养学生精益求精的工匠精神，使学生勇敢的肩负起技能强国的光荣使命；

(2) 通过对机械部分维护保养的学习，进一步增强学生的识图能力，培养学生一丝不苟、严谨求实的工作作风和安全文明生产的劳动意识；

(3) 通过对电气控制部分的维护与保养，培养学生规范的操作习惯、安全用电意识、树立团队协作精神。

1.1 概　　述

1.1.1 数控机床维护与保养的目的

数控机床的日常维护和保养是数控机床长期稳定、可靠运行的保证，是延长数控机床使用寿命的必要措施，对数控机床正确使用和日常严格的维护保养可以避免80%的意外故障。数控机床的日常维护和保养的项目在机床制造厂提供的使用说明书中一般都有明确的描述。尽管数控机床在设计生产中采取了很多手段和措施，保证其工作的可靠性和稳定性，但是由于数控机床的使用环境复杂，只有坚持做好对机床的日常维护保养工作，才可以延长元器件的使用寿命，延长机械部件的磨损周期，防止意外恶性事故的发生，争取机床长时间稳定工作；也才能充分发挥数控机床的加工优势，达到数控机床的技术性能，确保数控机床能够正常工作。因此，无论是对数控机床的操作者，还是对数控机床的维修人员，数控机床的维护与保养都显得非常重要，我们必须高度重视。

1.1.2 数控机床维护与保养的基本要求

数控机床的维护与保养具有重要的意义，故必须明确其基本要求，主要包括：

（1）在思想上要高度重视数控机床的维护与保养工作，尤其是对数控机床的操作者更应如此，我们不能只管操作，而忽视对数控机床的日常维护与保养。

（2）提高操作人员的综合素质。

数控机床的使用比普通机床的难度要大，因为数控机床是典型的机电一体化产品，它涉及的知识面较宽，即操作者应具有机、电、液、气等更宽广的专业知识；再有，由于其电气控制系统中的CNC系统升级、更新换代比较快，如果不定期参加专业理论培训学习，则不能熟练掌握新的CNC系统应用，因此对操作人员提出的素质要求很高。为此，必须对数控操作人员进行培训，使其对机床原理、性能、润滑部位及其方式，进行较系统的学习，为更好的使用机床奠定基础。同时在数控机床的使用与管理方面，制定一系列切合实际、行之有效的措施。

（3）要为数控机床创造一个良好的使用环境。

由于数控机床中含有大量的电子元件，它们最怕阳光直接照射，也怕潮湿和粉尘、振动等，这些均可使电子元件受到腐蚀变坏或造成元件间的短路，引起机床运行不正常。为此，对数控机床的使用环境应做到保持清洁、干燥、恒温和无振动；对于电源应保持稳压，一般只允许有±10%波动。

（4）严格遵循正确的操作规程。

无论是什么类型的数控机床，它都有一套自己的操作规程，这既是保证操作人员人身安全的重要措施之一，也是保证设备安全、使用产品质量等的重要措施。因此，使用者必须按照操作规程正确操作，如果机床为第一次使用或长期没有使用，则应先使其空转几分钟，并要特别注意使用中开机、关机的顺序和注意事项。

（5）在使用中，尽可能提高数控机床的开动率。

对于新购置的数控机床，应尽快投入使用，设备在使用初期故障率往往大一些，用户应在保修期内充分利用机床，使其薄弱环节尽早暴露出来，在保修期内得以解决。即使在缺少生产任务时,也不能空闲不用,要定期通电,每次空运行1小时左右,利用机床运行时的发热量来去除或降低机内的湿度。

(6)要冷静对待机床故障,不可盲目处理。

机床在使用中不可避免地会出现一些故障,此时操作者要冷静对待,不可盲目处理,以免产生更为严重的后果,要注意保留现场,待维修人员来后如实说明故障前后的情况,共同分析问题,尽早排除故障。故障若属于操作问题,操作人员要及时吸取经验,避免下次犯同样的错误。

(7)制定并严格执行数控机床管理的规章制度。

除了对数控机床的日常维护外,还必须制定并严格执行数控机床管理的规章制度,主要包括:定人、定岗和定责任的"三定"制度,定期检查制度,规范交接班制度等。这也是数控机床管理、维护与保养的主要内容。

1.1.3 数控机床维护与保养的点检管理

由于数控机床集机、电、液、气等技术为一体,所以对它的维护要有科学的管理,有目的地制定出相应的规章制度。对维护过程中发现的故障隐患应及时清除,避免停机待修,从而延长设备平均无故障时间,增加机床的利用率。开展点检是数控机床维护的有效方法。

以点检为基础的设备维修是日本在引进美国的预防维修制的基础上发展起来的一种点检管理制度。点检就是按有关维护文件的规定,对设备进行定点、定时的检查和维护,其优点是可以把出现的故障和性能的劣化消灭在萌芽状态,防止过修或欠修,缺点是定期点检工作量大。这种在设备运行阶段以点检为核心的现代维修管理体系,能达到降低故障率和维修费用及提高维修效率的目的。

我国自20世纪80年代初引进日本的设备点检定修制,把设备操作者、维修人员和技术管理人员有机地组织起来,按照规定的检查标准和技术要求,对设备可能出现问题的部位,定人、定点、定量、定期、定法地进行检查、维修和管理,保证了设备持续、稳定地运行,促进了生产发展和经营效益的提高。

数控机床的点检,是开展状态监测和故障诊断工作的基础,主要包括下列内容:

(1)定点。首先要确定一台数控机床有多少个维护点,科学地分析这台设备,找准可能发生故障的部位。只要把这些维护点"看住",有了故障就会及时发现。

(2)定标。对每个维护点要逐个制定标准,例如间隙、温度、压力、流量、松紧度等,都要有明确的数量标准,只要不超过规定标准就不算故障。

(3)定期。多长时间检查一次,要定出检查周期。有的点可能每班要检查几次,有的点可能一个月或几个月检查一次,要根据具体情况确定。

(4)定项。每个维护点检查哪些项目也要有明确规定。每个点可能检查一项,也可检查几项。

（5）定人。由谁进行检查，是操作者、维修人员还是技术人员，应根据检查部位和技术精度要求，落实到人。

（6）定法。怎样检查也要有规定，是人工观察还是用仪器测量，是采用普通仪器还是精密仪器。

（7）检查。检查的环境、步骤要有规定，是在生产运行中检查还是停机检查，是解体检查还是不解体检查。

（8）记录。检查要详细做记录并按规定格式填写清楚。要填写检查数据及其与规定标准的差值、判定印象、处理意见，检查者要签名并注明检查时间。

（9）处理。检查中间能处理和调整的要及时处理和调整，并将处理结果记入处理记录。没有能力或没有条件处理的，要及时报告有关人员安排处理。但任何人、任何时间处理都要填写处理记录。

（10）分析。检查记录和处理记录都要定期进行系统分析，找出薄弱"维护点"，即故障率高的点或损失大的环节，提出意见，交设计人员进行改进设计。

数控机床的点检可分为日常点检和专职点检两个层次。日常点检负责对机床的一般部件进行点检，处理和检查机床在运行过程中出现的故障，由机床操作人员进行。专职点检负责对机床的关键部位和重要部件按周期进行重点点检和设备状态监测与故障诊断，制定点检计划，做好诊断记录，分析维修结果，提出改善设备维护管理的建议，由专职维修人员进行维修。

数控机床的点检作为一项工作制度，必须认真执行并持之以恒，才能保证机床的正常运行。

从点检的要求和内容上看，点检可分为专职点检、日常点检和生产点检三个层次，数控机床点检维修过程如图1-1所示。

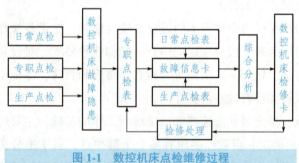

图1-1 数控机床点检维修过程

1. 专职点检

专职点检：主要对机床的关键部位与重要部位按周期进行重点点检和设备状态监测及故障诊断定点检计划，做好诊断记录，分析维修结果，提出改善设备维护管理的建议。

2. 日常点检

日常点检：主要对机床的一般部位进行点检，处理和检查机床在运行过程中出现的故障。

3. 生产点检

生产点检：主要对生产运行中的数控机床进行点检，并负责润滑、紧固等工作。

点检作为一项工作制度必须认真执行并持之以恒，这样才能保证数控机床的正常运行。

1.1.4 数控机床维护与保养的内容

通常对数控机床进行预防性维护的宗旨是延长元器件的使用寿命，延长机械部件的磨损周期，防止意外事故的发生。预防性维护的关键是加强日常保养，主要的保养工作有如下内容。

1. 日检

其主要项目包括液压系统、主轴润滑系统、导轨润滑系统、冷却系统、气压系统。日检就是根据各系统的正常情况来加以检测。日常检查项目见表1-1。

表1-1 日常检查项目

序号	检 查 内 容
1	检查润滑油箱液面，及时添加润滑油
2	检查液压泵有无异常噪声，各压力指示是否正确，管路各接头有无泄漏，工作液面高度是否正常
3	检查气源的压力，调整减压阀，保证压力在正常的范围内，及时清理干燥器中滤出的水分，保证空气干燥器的正常工作，并及时添加油雾器中的机械油
4	检查导轨防护罩和刮屑板有无损坏，清除切屑和脏物，移动时检查是否有异常噪声，务必涂上一些润滑脂
5	检查电柜通风散热情况，过滤网是否堵塞并需要清洗，电柜空调是否正常
6	检查冷却水液面，及时添加冷却水，不定期检查冷却水的酸碱度
7	检查机床辅助设备的润滑、液压以及运转情况，如排屑器运转是否平稳，有无卡住的情况，必要时拆开排屑器清理内部卡住的切屑

以上内容是数控机床开机前后就必须要检查的项目，机床在关机时还有一些必要的操作规范：首先是清洁机床。机床经过工件切削，总有或多或少的切屑粘在机床加工区域的表面，如果长时间不去除，在冷却水的作用下，切屑易被腐蚀并引起机床被腐蚀，所以机床加工完工件后必须清洁。清洁时可以用冷却水枪或刷子清洁机床内部切屑，加工中心和

数控铣床加工区域部件较少，清洁比较容易，而车床加工区域有刀架、尾架、中心架和夹具，形状也不规则，所以积屑比较严重，清洗难度较大，需要花费一定的时间。其次，在清理完切屑后，还要将机床各轴移动到导轨中部，让机床处于一个比较平衡的状态，然后再按下急停开关，关闭防护门，并切断机床各级电源。最后，在切断机床电源后还要用软布或棉纱清洁机床显示屏、操作面板和机床外表面。至此，一个工作日的维护保养才算完成。

2. 周检

其主要项目包括机床零件、主轴润滑系统，应该每周对其进行正确的检查，特别是对机床零件要清除铁屑，进行外部杂物清扫。

3. 月检

主要是对电源和空气干燥器进行检查。电源电压在正常情况下为 180～220 V，频率为 50 Hz，如有异常，要对其进行测量、调整。空气干燥器应该每月拆一次，然后进行清洗、装配。

4. 季检

季检应该主要从机床床身、液压系统、主轴润滑系统三方面进行检查。例如，对机床床身进行检查时，主要看机床精度、机床水平是否符合手册中的要求，如有问题，应马上和机械工程师联系。对液压系统和主轴润滑系统进行检查时，如有问题，应分别更换新油 60L 和 20L，并对其进行清洗。

5. 半年检

半年后，应该对机床的液压系统、主轴润滑系统以及 X 轴进行检查，如出现问题，应该更换新油，然后进行清洗工作。

全面地熟悉及掌握预防性维护知识后，还必须对油压系统异常现象的原因与处理有更深的了解及必要的掌握。当油泵不喷油、压力不正常、有噪声等现象出现时，应知道主要原因有哪些，有什么相应的解决方法。对于油压系统异常现象的原因与处理，主要应从以下三方面加以了解：

（1）油泵不喷油 ⇨ 油泵不喷油的主要原因可能是油箱内液面低、油泵反转、转速过低、油黏度过高、油温低、过滤器堵塞、吸油管配管容积过大、进油口处吸入空气、轴和转子有破损处等。相应的解决方法，如注满油、确认标牌，当油泵反转时变更过来等。

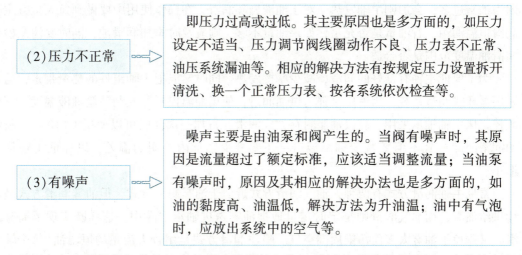

总而言之，要想做好数控机床的预防性维护工作，关键是要让学生了解日常维护与保养的知识。

1.2 数控机床机械部分及辅助装置的维护与保养

机械部分及辅助装置是数控机床的重要组成部分。其中，机械部分主要包括：机床主轴部件、滚珠丝杠螺母副、导轨等。而辅助装置则主要包括：数控分度头、自动换刀装置、液压气动系统和冷却润滑装置。因此，它们的日常维护与保养是数控机床整个维护与保养工作内容之一。

1.2.1 机械部分的维护与保养

数控机床机械部分的维护与保养主要包括：机床主轴部件、进给传动机构、导轨等的维护与保养。

1. 主轴部件的维护与保养

主轴部件是数控机床机械部分中的重要组成部件，主要由主轴、轴承、主轴准停装置、自动夹紧和切屑清除装置组成。数控机床主轴部件的润滑、冷却与密封是机床使用和维护过程中值得重视的几个问题。

(1) 良好的润滑效果，可以降低轴承的工作温度和延长使用寿命，为此，在操作使用中要注意到：低速时，采用油脂、油液循环润滑；高速时采用油雾、油气润滑方式。但是，在采用油脂润滑时，主轴轴承的封入量通常为轴承空间容积的10%，切忌随意填满，因为油脂过多,会加剧主轴发热。对于油液循环润滑,在操作使用中要做到每天检查主轴润滑恒温油箱,看油量是否充足,如果油量不够,则应及时添加润滑油,同时要注意检查润滑油温度范围是否合适。

为了保证主轴有良好的润滑,减少摩擦发热,同时又能把主轴组件的热量带走,通常采用循环式润滑系统,用液压泵强力供油润滑,使用油温控制器控制油箱油液温度。高档数控机床主轴轴承采用了高级油脂封存方式润滑,每加一次油脂可以使用1~10年。新型的润滑冷却方式不但要减少轴承温升,还要减少轴承内外圈的温差,以保证主轴热变形小。

常见主轴润滑方式有两种,油气润滑方式近似于油雾润滑方式,但油雾润滑方式是连续供给油雾,而油气润滑则是定时定量地把油雾送进轴承空隙中,这样既实现了油雾润滑,又避免了油雾太多而污染周围空气。喷注润滑方式是用较大流量的恒温油(每个轴承3~4 L/min)喷注到主轴轴承,以达到润滑、冷却的目的。这里较大流量喷注的油必须靠排油泵强制排油,而不是自然回流。同时,还要采用专用的大容量高精度恒温油箱,油温变动控制在±0.5 ℃。

(2)主轴部件的冷却主要是以减少轴承发热、有效控制热源为主。

(3)主轴部件的密封则不仅要防止灰尘、屑末和切削液进入主轴部件,还要防止润滑油的泄漏。主轴部件的密封有接触式和非接触式密封。对于采用油毡圈和耐油橡胶密封圈的接触式密封,要注意检查其是否老化和破损;对于非接触式密封,为了防止泄漏,重要的是保证回油能够尽快排掉,要保证回油孔的通畅。图1-2所示为主轴前支承的密封结构。

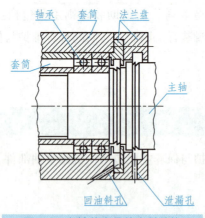

图1-2 主轴前支承的密封结构

综上所述,在数控机床的使用和维护过程中必须高度重视主轴部件的润滑、冷却与密封问题,并且仔细做好这方面的工作。

2. 进给传动机构的维护与保养

进给传动机构的机电部件主要有:伺服电动机及检测元件、减速机构、滚珠丝杠螺母副、丝杠轴承、运动部件(工作台、主轴箱、立柱等)。这里主要对滚珠丝杠螺母副的维护与保养问题加以说明。

(1)滚珠丝杠螺母副轴向间隙的调整。

滚珠丝杠螺母副除了对本身单一方向的进给运动精度有要求外，对轴向间隙也有严格的要求，以保证反向传动精度。因此，在操作使用中要注意由于丝杠螺母副的磨损而导致的轴向间隙，并采用调整方法加以消除。

1)双螺母垫片式消隙，如图1-3所示。

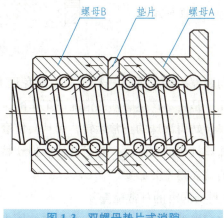

图1-3 双螺母垫片式消隙

在两螺母之间放入一垫片，调整垫片的厚度使左右两螺母产生方向相反的位移，使两个螺母中的滚珠分别贴紧在螺旋滚道两个相反的侧面上，即可消除间隙并产生预紧力。此种形式结构简单可靠、刚度好，应用最为广泛，在双螺母间加垫片的形式可由专业生产厂根据用户要求事先调整好预紧力，使用时装卸非常方便。

2)双螺母螺纹式消隙，如图1-4所示。

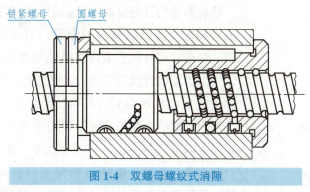

图1-4 双螺母螺纹式消隙

利用一个螺母上的外螺纹，通过圆螺母调整两个螺母的相对轴向位置实现预紧，调整好后用另一个圆螺母锁紧，这种结构调整方便且可在使用过程中随时调整，但预紧力大小不能准确控制。

3）齿差式消隙，如图1-5所示。

在两个螺母的凸缘上各制有圆柱外齿轮，分别与固紧在套筒两端的内齿圈相啮合，其齿数分别为 Z_1、Z_2，并相差一个齿。调整时，先取下内齿圈，让两个螺母相对于套筒同方向转动一个齿，然后再插入内齿圈，则两个螺母便产生相对角位移，使两个螺母产生轴向间距改变，以消除间隙和预紧。

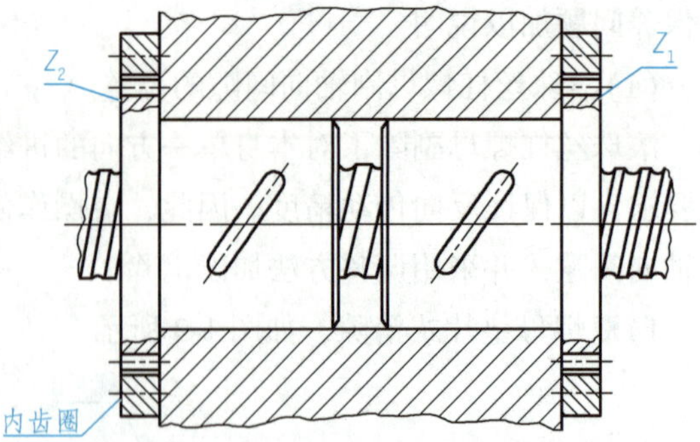

图 1-5　齿差式消隙

（2）滚珠丝杠副的保护。

滚珠丝杠副和其他滚动摩擦的传动元件一样，只要避免磨料微粒及化学活性物质进入，就可以认为这些原件几乎是在不产生磨损的情况下工作的。但如果滚道上落入了脏物或使用肮脏的润滑油，不仅会妨碍滚珠的正常运转，而且会使磨损加剧。对于制造误差和预紧变形量以微米计的滚珠丝杠传动副来说，其对这种磨损就特别敏感。因此，有效地防护密封和保持润滑油的清洁就显得十分必要。

（3）滚珠丝杠螺母副密封与润滑的日常检查。

滚珠丝杠螺母副密封与润滑的日常检查是我们在操作使用中要注意的问题。对于丝杠螺母副的密封，就是要注意检查密封圈和防护套，以防止灰尘和杂质进入滚珠丝杠螺母副。对于丝杠螺母副的润滑，如果采用油脂，则应定期润滑；如果使用润滑油，则要注意经常通过注油孔注油。

3. 机床导轨的维护与保养

机床导轨的维护与保养主要是对导轨的润滑和防护。

（1）导轨的润滑 ⇨ 导轨润滑的目的是减少摩擦阻力和摩擦磨损，以避免低速爬行及降低高温时的温升。因此导轨的润滑很重要。对于滑动导轨，采用润滑油润滑；而滚动导轨，则采用润滑油或者润滑脂均可。数控机床常用的润滑油的牌号有 L-AN10、15、32、42、68。导轨的油润滑一般采用自动润滑，我们在操作使用中要注意检查自动润滑系统中的分流阀，如果它发生故障，则会造成导轨不能自动润滑。此外，必须做到每天检查导轨润滑油箱油量，如果油量不足，则应及时添加润滑油；同时要注意检查润滑油泵是否能够定时启动和停止，并且要注意检查其定时启动时是否能够提供润滑油。

（2）导轨的防护　　在操作使用中要注意防止切屑、磨粒或者切削液散落在导轨面上，否则会引起导轨的磨损加剧、擦伤和锈蚀。为此，要注意导轨防护装置的日常检查，以保证导轨的防护。

4. 回转工作台的维护与保养

数控机床的圆周进给运动一般由回转工作台来实现，对于加工中心，回转工作台已成为一个不可缺少的部件。因此，在操作使用中要注意严格按照回转工作台的使用说明书要求和操作规程正确操作使用。特别注意回转工作台传动机构和导轨的润滑。

1.2.2 辅助装置的维护与保养

数控机床辅助装置的维护与保养主要包括：数控分度头、自动换刀装置、液压气动系统的维护与保养。

1. 数控分度头的维护与保养

数控分度头是数控铣床和加工中心等的常用附件，其作用是按照 CNC 装置的指令做回转分度或者连续回转进给运动，使数控机床能够完成指定的加工精度，因此，在操作使用中要注意严格按照数控分度头使用说明书的要求和操作规程正确操作使用。

2. 自动换刀装置的维护与保养

自动换刀装置是加工中心区别于其他数控机床的特征结构。它具有根据加工工艺要求自动更换所需刀具的功能，以帮助数控机床节省辅助时间，并满足在一次安装中完成多工序、工步的加工要求。因此，在操作使用中要注意经常检查自动换刀装置各组成部分机械结构的运转是否正常工作、是否有异常现象，检查润滑是否良好等，并且要注意换刀可靠性和安全性检查。

3. 液压系统的维护与保养

（1）定期对油箱内的油进行检查、过滤、更换。
（2）检查冷却器和加热器的工作性能，控制油温。
（3）定期检查、更换密封件，防止液压系统泄漏。
（4）定期检查、清洗或更换液压件、滤芯，定期检查、清洗油箱和管路。
（5）严格执行日常点检制度，检查系统的泄漏、噪声、振动、压力、温度等是否正常。

4. 气压系统的维护与保养

（1）选用合适的过滤器，清除压缩空气中的杂质和水分。

(2) 检查系统中油雾器的供油量，保证空气中有适量的润滑油来润滑气动元件，防止生锈、磨损造成空气泄漏和元件动作失灵。

(3) 保持气动系统的密封性，定期检查更换密封件。

(4) 注意调节工作压力。

(5) 定期检查、清洗或更换气动元件、滤芯。

1.3 数控系统的维护与保养

数控系统是数控机床电气控制系统的核心。每台机床数控系统在运行一定时间后，某些元器件难免出现一些损坏或者故障。为了尽可能地延长元器件的使用寿命，防止各种故障，特别是恶性事故的发生，就必须对数控系统进行日常的维护与保养，主要包括：数控系统的使用检查和数控系统的日常维护。

1.3.1 数控系统的使用检查

为了避免数控系统在使用过程中出现一些不必要的故障，数控机床的操作人员在使用数控系统以前，应当仔细阅读有关操作说明书，要详细了解所用数控系统的性能，熟练掌握数控系统和机床操作面板上各个按键、按钮和开关的作用以及使用注意事项。一般来说，数控系统在通电前后要进行检查。

1. 数控系统在通电前的检查

为了确保数控系统正常工作，当数控机床在第一次安装调试或者是在机床搬运后第一次通电运行之前，可以按照下述顺序检查数控系统：

(1) 确认交流电源的规格是否符合 CNC 装置的要求，主要检查交流电源的电压、频率和容量。

(2) 认真检查 CNC 装置与外界之间的全部连接电缆是否按随机提供的连接技术手册的规定，正确而可靠地连接。数控系统的连接是指针对数控装置及其配套的进给和主轴伺服驱动单元而进行的，主要包括外部电缆的连接和数控系统电源的连接。在连接前要认真检查数控系统装置与 MDI/CRT 单元、位置显示单元、纸带阅读机、电源单元、各印刷电路板和伺服单元等，如发现问题应及时采取措施或更换。同时要注意检查连接中的连接件和各个印刷线路板是否紧固，是否插入到位，各个插头有无松动，紧固螺钉是否拧紧，因为由于不良而引起的故障最为常见。

(3) 确认 CNC 装置内各种印刷线路板上的硬件设定是否符合 CNC 装置的要求。这些硬件设定包括各种短路棒设定和可调电位器。

(4)认真检查数控机床的保护接地线。数控机床要有良好的地线,以保证设备、人身安全和减少电气干扰,伺服单元、伺服变压器和强电柜之间都要连接保护接地线。

只有经过上述各项检查,确认无误后,CNC 装置才能投入通电运行。

2. 数控系统在通电后的检查

数控系统通电后的检查包括:

(1)首先要检查数控装置中各个风扇是否正常运转,否则会影响到数控装置的散热。

(2)确认各个印刷线路或模块上的直流电源是否正常,是否在允许的波动范围之内。

(3)进一步确认 CNC 装置的各种参数,包括系统参数、PLC 参数、伺服装置的数字设定等,这些参数应符合随机所带的说明书中的要求。

(4)当数控装置与机床联机通电时,应在接通电源的同时,做好按压紧急停止按钮的准备,以备出现紧急情况时随时切断电源。

(5)在手动状态下,低速进给移动各轴,并且注意观察机床移动方向和坐标值显示是否正确。

(6)进行几次返回机床基准点的动作,这是用来检查数控机床是否有返回基准点的功能,以及每次返回基准点的位置是否完全一致。

(7)CNC 系统的功能测试。按照数控机床数控系统的使用说明书,用手动或者编制数控程序的方法来测试 CNC 系统应具备的功能。例如:快速点定位、直线插补、圆弧插补、刀径补偿、刀长补偿、固定循环、用户宏程序等功能以及 M、S、T 辅助机能。

只有通过上述各项检查,确认无误后,CNC 装置才能正式运行。

1.3.2 数控装置的日常维护与保养

CNC 系统的日常维护主要包括以下几方面:

1. 严格制定并且执行 CNC 系统日常维护的规章制度

根据不同数控机床的性能特点,严格制定其 CNC 系统日常维护的规章制度,并且在使用和操作中要严格执行。

2. 应尽量少开数控柜门和强电柜的门

因为在机械加工车间的空气中往往含有油雾、尘埃,它们一旦落入数控系统的印刷线路板或者电气元件上,则易引起元器件的绝缘电阻下降,甚至导致线路板或者电气元件的损坏。所以,在工作中应尽量少开数控柜门和强电柜的门。

3. 定时清理数控装置的散热通风系统,以防止数控装置过热

散热通风系统是防止数控装置过热的重要装置。为此,应每天检查数控柜上各个冷却风扇运转是否正常,每半年或者一季度检查一次风道过滤器是否有堵塞现象,如果有则应及时清理。

4. 注意 CNC 系统的输入/输出装置的定期维护

例如,CNC 系统的输入装置中磁头的清洗。

5. 定期检查和更换直流电动机电刷

在 20 世纪 80 年代生产的数控机床,大多数采用直流伺服电动机,这就存在电刷的磨损问题,为此对于直流伺服电动机,需要定期检查和更换直流电动机电刷。

6. 经常监视 CNC 装置用的电网电压

CNC 系统对工作电网电压有严格的要求。例如 FANUC 公司生产的 CNC 系统,允许电网电压在额定值的 85%~110% 的范围内波动,否则会造成 CNC 系统不能正常工作,甚至引起 CNC 系统内部电子元件损坏。为此要经常检测电网电压,并控制在允许的波动范围内。

7. 存储器用电池的定期检查和更换

通常,CNC 系统中部分 CMOS 存储器中的存储内容在断电时靠电池供电保持。一般采用锂电池或者可充电的镍镉电池。当电池电压下降到一定值时,就会造成数据丢失,因此要定期检查电池电压。当电池电压下降到限定值或者出现电池电压报警时,就要及时更换电池。更换电池时一般要在 CNC 系统通电状态下进行,这样才不会造成存储参数丢失。一旦数据丢失,在调换电池后,可重新对参数进行输入。

8. CNC 系统长期不用时的维护

当数控机床长期闲置不用时,也要定期对 CNC 系统进行维护保养。在机床未通电时,用备份电池给芯片供电,保持数据不变。当机床上电池电压过低时,通常会在显示屏幕上给出报警提示。在长期不使用时,要经常通电检查是否有报警提示,并及时更换备份电池。经常通电可以防止电气元件受潮或印制板受潮短路或断路等,长期不用的机床应每周至少通电两次以上。具体做法是:

首先,应经常给 CNC 系统通电,在机床锁住不动的情况下,让机床空运行。其次,在空气湿度较大的梅雨季节,应每天给 CNC 系统通电,这样可利用电气元件本身的发热来驱走数控柜内的潮气,以保证电气元件的性能稳定可靠。生产实践证明,长期不用的数控机床,过了梅雨天后则往往一开机就容易发生故障。

此外,对于采用直流伺服电动机的数控机床,如果闲置半年以上不用,则应将电动机的电刷取出来,以避免由于化学腐蚀作用而导致换向器表面的腐蚀,确保换向性能。

9. 备用印刷线路板的维护

对于已购置的备用印刷线路板,应定期装到 CNC 装置上通电运行一段时间,以防损坏。

1.3 数控系统的维护与保养

10. CNC 发生故障时的处理

一旦 CNC 系统发生故障，操作人员应采取急停措施，停止系统运行并且保护好现场。协助维修人员做好维修前期的准备工作。

1.3.3 数控系统的诊断与维修

1. 维修工作人员的基本条件

维修工作开展得好与坏首先取决于人员条件。维修工作人员必须具备以下条件：

(1) 高度的责任心与良好的职业道德。

(2) 知识面广，掌握计算机技术、模拟与数字电路基础、自动控制与电动机拖动、检测技术及机械加工工艺方面的基础知识与一定的外语水平。

(3) 经过良好的技术培训，掌握有关数控、驱动及 PLC 的工作原理，懂得 CNC 编程和编程语言。

(4) 熟悉结构，具有实验技能和较强的动手操作能力。

(5) 掌握各种常用(尤其是现场)的测试仪器、仪表和工具。

2. 在维修手段方面应具备的条件

(1) 准备好常用备品、配件。

(2) 随时可以得到微电子元器件的实际支援或供应。

(3) 必要的维修工具、仪器、仪表、接线、微机。最好有小型编程系统或编程器，用以支援设备调试。

(4) 完整的资料、手册、线路图、维修说明书(包括 CNC 操作说明书)以及接口、调整与诊断、驱动说明书，PLC 说明书(包括 PLC 用户程序单)，元器件表格等。

3. 维修前的准备

接到用户的直接要求后，应尽可能直接与用户联系，以便尽快地获取现场信息、现场情况及故障信息，如数控机床的进给与主轴驱动型号、报警指示或故障现象、用户现场有无备件等。据此预先分析可能出现的故障原因与部位，然后在出发到现场之前准备好有关的技术资料与维修服务工具、仪器备件等，做到有备而去。

4. 现场维修

现场维修是对数控机床出现的故障(主要是数控部分)进行诊断，找出故障部位，以相应的正常备件更换，使机床恢复正常运行。这过程的关键是诊断，即对系统或外围线路进行检测，确定有无故障，并对故障定位，指出故障的确切位置。从整机定位到插线板，在某些场合下甚至定位到元器件，这是整个维修工作的主要部分。

5. 数控系统的故障诊断方法

数控系统硬件
故障检修

(1) 初步判别。

通常在资料较全时,可通过资料分析判断故障所在,或采取接口信号法根据故障现象判别可能发生故障的部位,然后再按照故障与这一部位的具体特点,逐个部位检查,初步判别。在实际应用中,可能用一种方法即可查到故障并排除,而有时则需要多种方法并用。对各种判别故障点的方法掌握程度主要取决于对故障设备原理与结构掌握的深度。

(2) 报警处理。

1) 系统报警的处理。

数控系统发生故障时,一般在显示屏或操作面板上给出故障信号和相应的信息。通常系统的操作手册或调整手册中都有详细的报警号、报警内容和处理方法。由于系统的报警设置单一、齐全、严密、明确,维修人员可根据每一警报后面给出的信息与处理办法自行处理。机床报警和操作信息的处理:机床制造厂根据机床的电气特点,应用 PLC 程序,将一些能反映机床接口电气控制方面的故障或操作信息以特定的标志,通过显示器给出,并可通过特定键,看到更详细的报警说明。这类报警可以根据机床厂提供的排除故障手册进行处理,也可以利用操作面板或编程器根据电路图和 PLC 程序,查出相应的信号状态,按逻辑关系找出故障点进行处理。

2) 无报警或无法报警的故障处理。

当系统的 PLC 无法运行,系统已停机或系统没有报警但工作不正常时,需要根据故障发生前后的系统状态信息,运用已掌握的理论基础进行分析,做出正确的判断。下面阐述这种故障诊断和排除方法。

(3) 故障诊断方法。

1) 常规检查法。

①目测。目测故障板,仔细检查有无保险丝烧断、元器件烧焦、烟熏、开裂现象,有无异物、断路现象。以此可判断板内有无过流、过压、短路等问题。

②手摸。用手摸并轻摇元器件,尤其是阻容、半导体器件有无松动之感,以此可检查出一些断脚、虚焊等问题。

③通电。首先用万用表检查各种电源之间有无断路,如无即可接入相应的电源,目测有无冒烟、打火等现象,手摸元器件有无异常发热,以此可发现一些较为明显的故障,从而缩小检修范围。

例如,在哈尔滨某工厂排除故障时,机床的数控系统和 PLC 运行正常,但机床的液压系统无法启动,用编程器检查 PLC 程序运行正常,各所需信号状态均满足开机条件。进一步检查中发现,PLC 信号状态与图纸和设备上的标记不一致,停机拔出电路板检查,发现 PLC 两块输出板编址不对,与另两块位置搞错,经交换后,机床正常运转。对于发生这个故障的机床所采用的 SIMATIC S5—150K 可编程控制器,只要编址正确,无论将线路板的位置怎样排列，系统均能正常运转，但相应地执行元件和信号源必须正确地对应，一旦对应错误就会发生故障，甚至毁坏机床。另外，根据用户提供的故障现象，结合自己的现场观察，运用系统工作原理亦可迅速做出正确判断。

2）仪器测量法。

当系统发生故障后，采用常规电工检测仪器、工具，按系统电路图及机床电路图对故障部分的电压、电源、脉冲信号等进行实测，判断故障所在。如电源的输入电压超限，引起电源监控，可用电压表测网络电压，或用电压测试仪实时监控以排除其他原因。如发生位置控制环故障，可用示波器检查测量回路的信号状态，或用示波器观察其信号输出是否缺相，有无干扰。例如，上海某厂在排除故障中，系统报警，位置环硬件故障，用示波器检查发现有干扰信号，我们在电路中用接电容的方法将其滤掉使系统工作正常。如出现系统存在无法回到基准点的情况，可用示波器检查是否有零标记脉冲，若没有可考虑是测量系统损坏。

①用可编程控制器进行 PLC 中断状态分析：可编程序控制器发生故障时，其中断原因以中断堆栈的方式记忆。使用编程器可以在系统停止状态下，调出中断堆栈和块堆栈，按其所指示的原因，查明故障所在。在可编程序控制器的维修中，这是最常用且快速、有效的方法。

接口信号检查：通过可编程序控制器检查机床控制系统的接口信号，并与接口手册的正确信号相对比，亦可查出相应的故障点。

②诊断备件替换法：现代数控系统大多采用模块化设计，按功能不同划分不同模块，随着现代技术的发展，电路的集成规模越来越大，技术也越来越复杂，按常规方法很难把故障定位到一个很小的区域，而一旦系统发生故障，为了缩短停机时间，则可以根据模块的功能与故障现象，初步判断出可能的故障模块，用诊断备件将其替换，这样可迅速判断出有故障的模块。在没有诊断备件的情况下，可以采用现场相同或相容的模块进行替换检查，对于现代数控的维修，越来越多地采用这种方法进行诊断，然后用备件替换损坏模块，使系统正常工作。尽最大可能缩短故障停机时间，使用这种方法在操作时注意一定要在停电状态下进行，还要仔细检查线路板的版本、型号、各种标记、跨接是否相同，对于有关的机床数据和电位计的位置应做好记录，拆线时应做好标志。

③利用系统的自诊断功能判断：现代数控系统尤其是全功能数控系统具有很强的自诊断能力，通过实施时监控系统各部分的工作，及时判断故障，给出报警信息，并做出相应的动作，避免事故发生。然而有时当硬件发生故障时，就无法报警，有的数控系统可通过发光管不同的闪烁频率或不同的组合做出相应的指示，这些指示配合使用就可帮助我们准确地诊断出故障模板的位置。如 SINUMERIK 8 系统根据 MS100 CPU 板上 4 个指示灯和操作面板上 FAULT 灯的亮灭组合就可判断出故障位置。

上述诊断方法，在实际应用时并无严格的界限，可能用一种方法就能排除故障，亦可能需要多种方法同时进行。其效果主要取决于对系统原理与结构的理解和掌握的深度，以及维修经验的多少。

6. 数控系统的常见故障分析

根据数控系统的构成、工作原理和特点,结合在维修中的经验,将常见的故障部位及故障现象分析如下。

数控系统的常见故障分析

(1) 常见故障位置。

1) 位置环。

这是数控系统发出控制指令并与位置检测系统的反馈值相比较,进一步完成控制任务的关键环节。它具有很高的工作频度并与外设相连接,所以容易发生故障。

2) 电源部分。

电源是维持系统正常工作的能源支持部分,它失效或发生故障的直接结果是造成系统停机或毁坏整个系统。一般在欧美国家,这类问题比较少,在设计上这方面的因素考虑的不多,但在中国由于电源波动较大、质量差,还隐藏有如高频脉冲这一类的干扰,加上人为的因素(如突然拉闸断电等),这些原因可造成电源故障监控或损坏。另外,数控系统部分运行数据、设定数据以及加工程序等一般存储在 RAM 存储器内,系统断电后,靠电源的后备蓄电池或锂电池来保持。因而,停机时间比较长、拔插电源或存储器都可能造成数据丢失,使系统不能运行。

3) 可编程序控制器逻辑接口。

数控系统的逻辑控制,如刀库管理、液压启动等,主要由 PLC 来实现,要完成这些控制就必须采集各控制点的状态信息,如断电器、伺服阀、指示灯等。因而它与外界种类繁多的各种信号源和执行元件相连接,变化频繁,所以发生故障的可能性就比较多,而且故障类型亦千变万化。

4) 其他。

由于环境条件,如干扰、温度、湿度超过允许范围,操作不当,参数设定不当,亦可能造成停机或故障。有一工厂的数控设备,开机后不久便失去数控系统已准备好的信号,系统无法工作,经检查发现机体温度很高,原因是通气过滤网已堵死,引起温度传感器动作,更换滤网后,系统正常工作。不按操作规程拔插线路板或无静电防护措施等,都可能造成停机故障甚至毁坏系统。一般在数控系统的设计、使用和维修中,必须考虑对经常出现故障的部位给予报警,报警电路工作后,一方面在屏幕或操作面板上给出报警信息,另一方面发出保护性中断指令,使系统停止工作,以便查清故障和进行维修。

(2) 故障排除方法。

1) 初始化复位法。一般情况下,由于瞬时故障引起的系统报警,可用硬件复位或开关系统电源依次来清除故障,若系统工作存储区由于掉电、拔插线路板或电池欠压造成混乱,则必须对系统进行初始化清除,清除前应注意做好数据拷贝记录,若初始化后故障仍无法排除,则进行硬件诊断。

2) 参数更改,程序更正法。系统参数是确定系统功能的依据,参数设定错误就可能造成系统的故障或某功能无效。例如，在哈尔滨某厂转子铣床上采用了测量循环系统，这一功能要求有一个背景存储器，调试时发现这一功能无法实现。检查发现确定背景存储器存在的数据位没有设定，经设定后该功能正常。有时由于用户程序错误亦可造成故障停机，对此可以采用系统的块搜索功能进行检查，改正所有错误，以确保其正常运行。

3）调节法。调节是一种最简单易行的办法。通过对电位计的调节，修正系统故障。如某军工厂维修中，其系统显示器画面混乱，经调节后正常。在山东某厂，其主轴在启动和制动时发生皮带打滑，原因是主轴负载转矩大，而驱动装置的斜坡上升时间设定过小，经调节后正常。

4）最佳化调整法。最佳化调整是系统地对伺服驱动系统与被拖动的机械系统实现最佳匹配的综合调节方法。

用一台多线记录仪或具有存储功能的双踪示波器，分别观察指令和速度反馈或电流反馈的响应关系。通过调节速度调节器的比例系数和积分时间，来使伺服系统达到既有较高的动态响应特性，而又不振荡的最佳工作状态。在现场没有示波器或记录仪的情况下，根据经验，即调节使电动机起振，然后向反向慢慢调节，直到消除振荡为止。

5）备件替换法。用好的备件替换诊断出坏的线路板，并做相应的初始化启动，使机床迅速投入正常运转，然后将坏线路板修理或返修，这是目前最常用的排故办法。

6）改善电源质量法。目前一般采用稳压电源来改善电源波动。对于高频干扰可以采用电容滤波法，通过这些预防性措施来减少电源板的故障。

7）维修信息跟踪法。一些大的制造公司根据实际工作中由于设计缺陷造成的偶然故障，不断修改和完善系统软件或硬件。这些修改以维修信息的形式不断提供给维修人员，以此作为故障排除的依据，可正确、彻底地排除故障。

(3) 维修中应注意的事项。

从整机上取出某块线路板时，应注意记录其相对应的位置、连接的电缆号，对于固定安装的线路板，还应按顺序取下相应的压接部件及螺钉并做记录。拆卸下的压件及螺钉应放在专门的盒内，以免丢失。装配后，盒内的东西应全部用上，否则装配不完整。电烙铁应放在顺手的前方，远离维修线路板。烙铁头应做适当的修整，以适应集成电路的焊接，并避免焊接时碰伤别的元器件。测量线路间的阻值时，应断电源，测阻值时应红黑表笔互换测量两次，以阻值大的为参考值。线路板上大多刷有阻焊膜，因此测量时应找到相应的焊点作为测试点，不要铲除焊膜，有的板子全部刷有绝缘层，但只在焊点处用刀片刮开绝缘层。不应随意切断印刷线路，有的维修人员具有一定的家电维修经验，习惯断线检查，但数控设备上的线路板大多是双面金属孔板或多层孔化板，印刷线路细而密，一旦切断不易焊接，且切线时易切断相邻的线，再者有的点在切断某一根线时，并不能使其与线路脱离，需要同时切断几根线才行。不应随意拆换元器件，有的维修人员在没有确定故障元件的情况下只是凭感觉确定哪一个元件坏了，就立即拆换，这样误判率较高，拆下的元件人为损坏率也较高。拆卸元件时应使用吸锡器及吸锡绳，切忌硬取。同一焊盘不应长时间加热及重复拆卸，以免损坏焊盘。更换新的器件，其引脚应做适当的处理，焊接中不应使用酸性焊油。记录线路上的开关、跳线位置，不应随意改变。进行两极以上的对照检查或互换元器件时应注意标记各板上的元件，以免错乱，导致好板亦不能工作。查清线路板的电源配置及种类，根据检查的需要，可分别供电或全部供电。应注意高压，有的线路板直接接入高压，或板内有高压发生器，需适当绝缘，操作时应特别注意。

1.4 数控机床强电控制系统的维护与保养

数控机床电气控制系统除了 CNC 装置（包括主轴驱动和进给驱动的伺服系统）外，还包括机床强电控制系统。机床强电控制系统主要是由普通交流电动机的驱动和机床电气逻辑控制装置 PLC 及操作盘等部分构成的。这里简单介绍机床强电控制系统中普通继电接触器控制系统和 PLC 可编程控制器的维护与保养。

1.4.1 普通继电接触器控制系统的维护与保养

数控机床除了 CNC 系统外，对于经济型数控机床则还有普通继电接触器控制系统。其维护与保养工作，则主要是如何采取措施防止强电柜中的接触器、继电器的强电磁干扰的问题。数控机床的强电柜中的接触器、继电器等电磁部件均是 CNC 系统的干扰源。由于交流接触器、交流电动机频繁启动、停止时，其电磁感应现象会使 CNC 系统控制电路产生尖峰或波涌等噪声，干扰系统的正常工作。因此，一定要对这些电磁干扰采取措施，予以消除。例如，对于交流接触器线圈，则在其两端或交流电动机的三相输入端并联 RC 网络来抑制这些电器产生的干扰噪声。此外，要注意防止接触器、继电器触头的氧化和触头的接触不良等。

1.4.2 PLC 可编程控制器的维护与保养

PLC 可编程控制器也是数控机床上重要的电气控制部分。数控机床强电控制系统除了对机床起辅助运动和辅助动作控制外，还包括对保护开关、各种行程和极限开关的控制。在上述过程中，PLC 可编程控制器可代替数控机床上强电控制系统中的大部分机床电器，从而实现对主轴、换刀、润滑、冷却、液压、气动等系统的逻辑控制。PLC 可编程控制器与数控装置合为一体时则构成了内装式 PLC，而位于数控装置以外时则构成了独立式 PLC。由于 PLC

的结构组成与数控装置有相似之处,所以其维护与保养可参照数控装置的维护与保养。

1.5 数控机床的安全操作规程

前面我们已经在数控机床维护与保养的基本要求中强调了要严格遵循正确的操作规程。因为,严格遵循数控机床的安全操作规程,不仅是保障人身和设备安全的需要,也是保证数控机床能够正常工作、达到技术性能、充分发挥其加工优势的需要。因此,在数控机床的使用和操作中必须严格遵循数控机床的安全操作规程。这里主要对生产实际中应用广泛的数控车床及车削加工中心、数控铣床及铣削加工中心和特种加工机床的安全操作规程加以强调。

1.5.1 数控车床及车削加工中心的安全操作规程

数控车床及车削加工中心主要用于加工回转体零件,其安全操作规程如下:

(1) 工作前,必须穿戴好规定的劳保用品,并且严禁喝酒;工作中,要精神集中、细心操作,严格遵守安全操作规程。

(2) 开动机床前,要详细阅读机床的使用说明书,在未熟悉机床操作前,勿随意动机床。为了人身安全,请开动机床前务必详细阅读机床的使用说明书,并且注意以下事项:

1) 交接班记录。

操作者每天工作前先看交接班记录,再检查有无异常现象,观察机床的自动润滑油箱油液是否充足,然后再手动操作加几次油。

2) 电源。

①在接入电源时,应当先接通机床主电源,再接通 CNC 电源;但切断电源时按相反顺序操作。

②如果电源方面出现故障,应当立即切断主电源。

③送电及按按钮前,要注意观察机床周围是否有人在修理机床或电气设备,防止误伤他人。

④工作结束后,应切断主电源。

3) 检查。

①机床投入运行前,应按操作说明书叙述的操作步骤检查全部控制功能是否正常,如果有问题则排除后再工作。

②检查全部压力表所表示的压力值是否正常。

③紧急停止。

如果遇到紧急情况，应当立即按停止按钮。

(3) 数控车床及车削加工中心的一般安全操作规程。

1) 操作机床前，一定要穿戴好劳保用品，不要戴手套操作机床。

2) 操作前必须熟知每个按钮的作用以及操作注意事项。

3) 使用机床时，应当注意机床各个部位警示牌上所警示的内容。

4) 机床周围的工具要摆放整齐，便于拿放。

5) 加工前必须关上机床的防护门。

6) 刀具装夹完毕后，应当采用手动方式进行试切。

7) 机床运转过程中，不要清除切屑，要避免用手接触机床运动部件。

8) 清除切屑时，要使用一定的工具，应当注意不要被切屑划破手脚。

9) 要测量工件时，必须在机床停止状态下进行。

10) 工作结束后，应注意保持机床及控制设备的清洁，要及时对机床进行维护保养。

(4) 操作中特别注意事项。

1) 机床在通电状态时，操作者千万不要打开和接触机床上示有闪电符号或装有强电装置的部位，以防被电击伤。

2) 在维护电气装置时，必须首先切断电源。

3) 机床主轴运转过程中，务必关上机床的防护门，关门时务必注意手的安全，避免造成伤害。

4) 在打雷时，不要开启机床。因为雷击时的瞬时高电压和大电流易冲击机床，造成烧坏模块或丢失改变数据，造成不必要的损失，所以，应做到以下几点：

① 打雷时不要开启机床。

② 在数控车间房顶上应架设避雷网。

③ 每台数控机床应接地良好，并保证接地电阻小于 4 Ω。

5) 禁止打闹、闲谈、睡觉和任意离开岗位，同时要注意精力集中，杜绝酗酒和疲劳操作。

(5) 做到文明生产，加工操作结束后，必须打扫干净工作场地、擦拭干净机床并且切断系统电源后才能离开。

1.5.2 数控铣床及加工中心的安全操作规程

数控铣床及加工中心主要用于非回转体类零件的加工，特别是在模具制造业应用广泛。其安全操作规程如下：

(1) 开机前，应当遵守以下操作规程：

1) 穿戴好劳保用品，不要戴手套操作机床。

2)详细阅读机床的使用说明书,在未熟悉机床操作前,切勿随意动机床,以免发生安全事故。

3)操作前必须熟知每个按钮的作用以及操作注意事项。

4)注意机床各个部位警示牌上所警示的内容。

5)按照机床说明书要求加装润滑油、液压油、切削液,接通外接气源。

6)机床周围的工具要摆放整齐,要便于拿放。

7)加工前必须关上机床的防护门。

(2)在加工操作中,应当遵守以下操作规程:

1)文明生产,精力集中,杜绝酗酒和疲劳操作;禁止打闹、闲谈、睡觉和任意离开岗位。

2)机床在通电状态时,操作者千万不要打开和接触机床上示有闪电符号或装有强电装置的部位,以防被电击伤。

3)注意检查工件和刀具是否装夹正确、可靠;在刀具装夹完毕后,应当采用手动方式进行试切。

4)机床运转过程中,不要清除切屑,且避免用手接触机床运动部件。

5)清除切屑时,要使用一定的工具,应当注意不要被切屑划破手脚。

6)要测量工件时,必须在机床停止状态下进行。

7)在打雷时,不要开启机床。因为雷击时的瞬时高电压和大电流易冲击机床,造成烧坏模块或丢失改变数据,造成不必要的损失。

(3)工作结束后,应当遵守以下操作规程:

1)如实填写好交接班记录,发现问题要及时反映。

2)打扫干净工作场地,擦拭干净机床,应注意保持机床及控制设备的清洁。

3)切断系统电源、关好门窗后才能离开。

1.5.3 特种加工机床的安全操作规程

生产中应用较为广泛的特种加工机床主要包括电火花成型加工机床和电火花线切割加工机床。因此,这里主要针对这两种特种加工机床的安全操作规程加以阐述。

1. 电火花成型加工机床的安全操作规程

(1)开机前,要仔细阅读机床的使用说明书,在未熟悉机床操作前,切勿随意动机床,以免发生安全事故。

电火花成型加工机床的安全操作规程

(2)加工前注意检查放电间隙,即必须使接在不同极性上的工具和工件之间保持一定的距离以形成放电间隙,一般为 0.01~0.1 mm。

(3)工具电极的装夹与校正必须保证工具电极进给加工方向垂直于工作台平面。

(4)保证加在液体介质中的工件和工具电极上的脉冲电源输出的电压脉冲波形是单

向的。

（5）要有足够的脉冲放电能量，以保证放电部位的金属熔化或气化。

（6）放电必须在具有一定绝缘性能的液体介质中进行。

（7）操作中要注意检查工作液系统过滤器的滤芯，如果出现堵塞，要及时更换，以确保工作液能自动保持一定的清洁度。

（8）对于采用易燃类型的工作液，使用中要注意防火。

（9）做到文明生产，加工操作结束后，必须打扫干净工作场地、擦拭干净机床并且切断系统电源后才能离开。

2. 电火花线切割加工机床的安全操作规程

由于电火花线切割加工是在电火花成型加工基础上发展起来的，它是用线状电极（钼丝或铜丝）通过火花放电对工件进行切割。因此，电火花线切割加工机床的安全操作规程与电火花成型加工机床的安全操作规程大部分相同。此外，操作中还要注意：

（1）在绕线时要保证电极丝有一定的预紧力，以减少加工时线电极的振动幅度，提高加工精度。

（2）检查工作液系统中装有去离子树脂筒，以确保工作液能自动保持一定的电阻率。

（3）在放电加工时，必须使工作液充分地将电极丝包围起来，以防止因电极丝在通过大脉冲电流时产生大量的热而发生断丝现象。

（4）加强机床的机械装置的日常检查、防护和润滑。

（5）做到文明生产，加工操作结束后，必须打扫干净工作场地、擦拭干净机床并且切断系统电源后才能离开。

思考与练习

（1）数控机床维护与保养的目的和意义有哪些？

（2）数控机床维护与保养的基本要求有哪些？

（3）机床主轴部件、滚珠丝杠螺母副与导轨的维护与保养的基本要求和方法有哪些？

第 2 章 数控系统

大国工匠——高凤林

学习目标

1. **知识目标**
(1) 掌握数控系统的基本概念;
(2) 了解数控系统的种类、基本组成和工作过程;
(3) 了解国产机床数控系统及数控系统最新发展水平和方向。

2. **能力目标**
(1) 能区分各种常用的数控系统及其优缺点;
(2) 能独立操作常用的数控系统;
(3) 能对企业实际要求选用合适的数控系统。

3. **素养目标**
(1) 通过对数控系统的学习,形成将科学知识应用于生活和生产实践的意识;
(2) 养成认真细致、积极探索的科学态度和精益求精的工匠精神。

2.1 数控系统

数控系统是数控机床的控制核心。数控系统是数字控制系统(Numerical Control System)的简称,早期是由硬件电路构成的,称为硬件数控(Hard NC),19 世纪 70 年代以后,硬件电路元件逐步由专用的计算机代替,故称为计算机数控系统。

计算机数控(Computerized Numerical Control,简称 CNC)系统是用计算机控制加工功能,实现数值控制的系统。它是根据计算机存储器中存储的控制程序,执行部分或全部数值控制功能,并配有接口电路和伺服驱动装置的专用计算机系统。

数控系统从 1952 年开始,经历了电子管、晶体管、小规模集成电路、计算机数字控制、软件和微处理器时代的发展过程。目前,世界上数控系统种类繁多、形式各异,组成结构也各有特点。但是无论哪种系统,它们的基本原理和构成是相似的,现在市面上广泛使用的数控系统有很多种,譬如西门子的 SINUMERIK、富士通公司的 FANUC 系统、三菱公司的 MELDAS 系统、海德汉公司的 Heidenhain 数控系统、华中数控系统等。这几种数控系统中尤以 FANUC、SINUMERIK 市场占有率最高。

目前，世界上的数控系统都有各自的特点。这些结构特点来源于系统初始设计的基本要求和硬件、软件的工程设计思路。对于不同的生产厂家来说，基于历史发展因素以及各自因地而异的复杂因素的影响，在设计思想上也可能各有千秋。例如，在 20 世纪 90 年代，美国 Dynapath 系统采用小板结构，热变形小，便于板子更换和灵活结合，而日本 FANUC 系统则趋向大板结构，减少板间插接件，使之有利于系统工作的可靠性。然而无论哪种系统，它们的基本原理和构成都是十分相似的。

一般整个数控系统由三大部分组成，即控制系统、伺服系统和位置测量系统。控制系统硬件是一个具有输入输出功能的专用计算机系统，按加工工件程序进行插补运算，发出控制指令到伺服驱动系统；测量系统检测机械的直线和回转运动位置、速度，并反馈到控制系统和伺服驱动系统，来修正控制指令；伺服驱动系统将来自控制系统的控制指令和测量系统的反馈信息进行比较和控制调节，控制 PWM 电流驱动伺服电动机，由伺服电动机驱动机械按要求运动。这三部分有机结合，组成完整的闭环控制的数控系统。

控制系统硬件是具有人际交互功能，具有包括现场总线接口输入输出能力的专用计算机。伺服驱动系统主要包括伺服驱动装置和电动机。位置测量系统主要是采用长光栅或圆光栅的增量式位移编码器。

2.1.1 硬件结构

从硬件结构上的角度，数控系统到目前为止可分为两个阶段共六代，第一阶段为数值逻辑控制阶段，其特征是不具有 CPU，依靠数值逻辑实现数控所需的数值计算和逻辑控制，包括第一代电子管数控系统、第二代晶体管数控系统、第三代集成电路数控系统；第二个阶段为计算机控制阶段，其特征是直接引入计算机控制，依靠软件计算完成数控的主要功能，包括第四代小型计算机数控系统、第五代微型计算机数控系统、第六代 PC 数控系统。

由于 20 世纪 90 年代开始，PC 结构的计算机应用普及推广，PC 构架下计算机 CPU 及外围存储、显示、通信技术的高速进步，制造成本的大幅降低，导致 PC 构架数控系统日趋成为主流的数控系统结构体系。PC 数控系统的发展，形成了"NC+PC"过渡型结构，即保留了传统 NC 硬件结构，仅将 PC 作为 HMI，代表性的产品包括 FANUC 的 160i、180i、310i，西门子的 840D 等。还有一类，即将数控功能集中以运动控制卡的形式实现，通过增扩 NC 控制板卡(如基于 DSP 的运动控制卡等)来发展 PC 数控系统，典型代表有美国 DELTA TAU 公司用 PMAC 多轴运动控制卡构造的 PMAC-NC 系统。另一种更加革命性的结构是全部采用 PC 平台的软硬件资源，仅增加与伺服驱动及 I/O 设备通信所必需的现场总线接口，从而实现非常简洁的硬件体系结构，典型的产品包括西门子 840DSL、海德汉 TNC620、POWER AUTOMATION 公司的 PA8000 NT，国内大连光洋的 GDS07、GDS09、GNC60、GNC61 及华中数控的华中 8 型等产品。

2.1.2 软件结构

CNC 软件分为应用软件和系统软件，对于 PC+现场总线结构的数控系统还必须具备实时特性的操作系统平台软件。CNC 系统软件是为实现 CNC 系统各项功能所编制的专用软件，也叫控制软件。各种 CNC 系统的功能设置和控制方案各不相同，它们的系统软件在结构和规模上差别很大，但是一般都包括输入数据处理程序、插补运算程序、管理程序和诊断程序等。

1. 输入数据处理程序

它接收输入的零件加工程序，将标准代码表示的加工指令和数据进行译码、数据处理，并按规定的格式存放。有的系统还要进行补偿计算，或为插补运算和速度控制等进行预计算。通常，输入数据处理程序包括输入、译码和数据处理三项内容。

2. 插补运算程序

CNC 系统根据工件加工程序中提供的数据，如曲线的种类、起点、终点、既定速度等进行中间输出点的插值密化运算。上述密化运算不仅要严格遵循给定轨迹要求，还要符合机械系统平稳运动加减速的要求。根据运算结果，分别向各坐标轴发出形成进给运动的位置指令，这个过程称为插补运算。运算得到进给运动的位置指令通过 CNC 内或伺服系统内的位置闭环、速度环、电流环控制调节，输出电流驱动电动机带动工作台或刀具做相应的运动，完成程序规定的加工任务。

CNC 系统是一边插补进行运算，一边进行加工，是一种典型的实时控制方式。

3. 管理程序

管理程序负责对数据输入、数据处理、插补运算等为加工过程服务的各种程序进行调度管理。管理程序还要对面板命令、时钟信号、故障信号等引起的中断进行处理。在 PC 化的硬件结构下，管理程序通常在实时操作系统的支持下实现。

4. 诊断程序

诊断程序的功能是在程序运行中及时发现系统的故障，并指出故障的类型。也可以在运行前或故障发生后，检查系统各主要部件(CPU、存储器、接口、开关、伺服系统等)的功能是否正常，并指出发生故障的部位。

对于 PC+现场总线接口系统而言，由于是软件化结构，故必须具有操作系统平台，众所周知，目前公众使用最多的 Windows 操作系统是非实时操作系统，优势在于多任务处理调度和资源管理，不适合直接用于数控系统实时控制，而实时控制系统由于必须具备强实时操作，不能实现多任务处理调度和资源管理，因此出现了"鱼和熊掌不可兼得"的问题，即 PC+现场总线接口系统首先要解决这个问题才能充分实现实时控制、非实时调度、网络通信、多媒体、通用 CAD/CAM 软件兼容、远程状态监测和故障诊断及对于温度补偿、变形补偿、力矩补偿、应变补偿等复合控制功能。美国 MDSI 公司、德国 PA 公司及中国大连光洋公司和陕西华拓科技公司在这方面各有独特的实现方法，分别实现了 Windows 操作系统和实时操作系统的合理同步运行。

2.2 数控系统的分类方式

2.2.1 加工工艺分类

1. 车削、铣削类数控系统

针对数控车床控制的数控系统和针对加工中心控制数控系统，这一类数控系统属于最常见的数控系统。FANUC 用 T、M 来区别这两大类型号。西门子则是在统一的数控内核上配置不同的编程工具（Shop Mill，Shop Turn）来区别。两者最大的区别在于：车削系统要求能够随时反映刀尖点相对于车床轴线的距离，以表达当前加工工件的半径，或乘以 2 表示为直径；车削系统有各种车削螺纹的固定循环；车削系统支持主轴与 C 轴的切换，支持端面直角坐标系或回转体圆柱面坐标系编程，而数控系统要变换为极坐标进行控制；而对于铣削数控系统更多地要求复杂曲线、曲面的编程加工能力，包括五轴和斜面的加工等。随着车铣复合化工艺的日益普及，要求数控系统兼具车削、铣削功能，例如大连光洋公司的 GNC60/61 系列数控系统。

2. 磨削数控系统

针对磨床控制的专用数控系统。FANUC 用 G 代号区别，西门子须配置功能。与其他数控系统的区别主要在于要支持工件在线量仪的接入，量仪主要监测尺寸是否到位，并通知数控系统退出磨削循环。磨削数控系统还要支持砂轮修整，并将修正后的砂轮数据作为刀具数据计入数控系统。此外，磨削数控系统的 PLC 还要具有较强的温度监测和控制回路，还要求具有与振动监测、超声砂轮切入监测仪器接入及协同工作的能力。对于非圆磨削，数控系统及伺服驱动在进给轴上需要更高的动态性能。有些非圆加工（例如凸轮），由于被加工表面高精度和高光洁度要求，数控系统对曲线平滑技术方面也要有特殊处理。

3. 面向特种加工数控系统

这类系统为了适应特种加工，往往需要有特殊的运动控制处理和加工作动器对其加以控制。例如，并联机床控制需要在常规数控运动控制算法加入相应并联结构解耦算法；线切割加工中需要支持沿路径回退，冲裁切割类机床控制需要 C 轴保持冲裁头处于运动轨迹切线姿态；齿轮加工则要求数控系统能够实现符合齿轮范成规律的电子齿轮速比关系或表达式关系；激光加工则要保证激光头与板材距离恒定；电加工则要数控系统控制放电电源；激光加工则需要数控系统控制激光能量。

2.2.2 伺服系统分类

按照伺服系统的控制方式，可以把数控系统分为以下几类。

1. 开环控制数控系统

这类数控系统不带检测装置，也无反馈电路，以步进电动机为驱动元件。CNC 装置输出的进给指令（多为脉冲接口）经驱动电路进行功率放大，转换为控制步进电动机各定子绕组依次通电/断电的电流脉冲信号，驱动步进电动机转动，再经机床传动机构（齿轮箱、丝杠等）带动工作台移动。这种方式控制简单、价格比较低廉，从 20 世纪 70 年代开始，被广泛应用于经济型数控机床中。

2. 半闭环控制数控系统

位置检测元件被安装在电动机轴端或丝杠轴端，通过角位移的测量间接计算出机床工作台的实际运行位置（直线位移），并将其与 CNC 装置计算出的指令位置（或位移）相比较，用差值进行调节控制。由于闭环的环路内不包括丝杠、螺母副及机床工作台，由这些结构造成的误差不能由环路所矫正，其控制精度不如全闭环控制数控系统，但其调试方便、成本适中，可以获得比较稳定的控制特性，因此在实际应用中，这种方式被广泛采用。

3. 全闭环控制数控系统

位置检测装置安装在机床工作台上，用以检测机床工作台的实际运行位置（直线位移），并将其与 CNC 装置计算出的指令位置（或位移）相比较，用差值进行调节控制。这类控制方式的位置控制精度很高，但由于它将丝杠、螺母副及机床工作台这些连接环节放在闭环内，导致整个系统连接刚度变差，因此调试时，其系统较难达到高增益，即容易产生振荡。

2.2.3 功能水平分类

1. 经济型数控系统

经济型数控系统又称简易数控系统，通常采用步进电动机或脉冲串接口的伺服驱动，不具有位置反馈或位置反馈不参与位置控制；仅能满足一般精度要求的加工，能加工形状较简单的直线、斜线、圆弧及带螺纹类的零件，采用的微机系统为单板机或单片机系统；通常不具有用户可编程的 PLC 功能。通常装备的机床定位精度在 0.02 mm 以上。

2. 普及型数控系统

介于简式型数控系统和高性能型数控系统之间的数控系统，其特点：联动轴数 4 轴以下(含 4 轴)，闭环控制(伺服电动机反馈信息参与控制)，具有螺距误差补偿和刀具管理功能，支持用户开发 PLC 功能。

3. 高档型数控系统

一般是指具有多通道(两个及以上)数控设备控制能力，具有双驱控制、5 轴及以上的插补联动功能、斜面加工、样条插补、双向螺距误差补偿、直线度和垂直度误差补偿、刀具管理及刀具长度和半径补偿功能、高静态精度(分辨率 0.001 μm 即最小分辨率为 1 nm)和高动态精度(随动误差 0.01 mm 以内)、高速度及完备的 PLC 控制功能的数控系统。

2.3　FANUC 数控系统

FANUC 公司创建于 1956 年，1959 年首先推出了电液步进电动机，在后来的若干年中逐步发展并完善了以硬件为主的开环数控系统。进入 20 世纪 70 年代，微电子技术、功率电子技术，尤其是计算技术得到了飞速发展，FANUC 公司毅然舍弃了使其发家的电液步进电动机数控产品，从 GETTES 公司引进直流伺服电动机制造技术。

1976 年，FANUC 公司研制成功数控系统 5，随后又与 SIEMENS 公司联合研制了具有先进水平的数控系统 7，从这时起，FANUC 公司逐步发展成为世界上最大的专业数控系统生产厂家，产品日新月异、年年翻新。

1979 年研制出数控系统 6，它是具备一般功能和部分高级功能的中档 CNC 系统，6M 适合于铣床和加工中心；6T 适合于车床。与过去机型比较，使用了大容量磁盘存储器，专用于大规模集成电路，元件总数减少了 30%。它还备有用户自己制作的特有变量型子程序的用户宏程序。

1980 年在系统 6 的基础上同时向低档和高档两个方向发展，研制了系统 3 和系统 9。系统 3 是在系统 6 的基础上简化而形成的，体积小、成本低，容易组成机电一体化系统，适用于小型、廉价的机床。系统 9 是在系统 6 的基础上强化而形成的具备高级性能的可变软件型 CNC 系统。通过变换软件可适应任何不同用途，尤其适合于加工复杂而昂贵的航空部件、要求高度可靠的多轴联动重型数控机床。

1984 年，FANUC 公司又推出新型系列产品数控 10 系统、11 系统和 12 系统。该系列产品在硬件方面做了较大改进，凡是能够集成的都作成大规模集成电路，其中包含了 8 000 个门电路的专用大规模集成电路芯片有 3 种，其引脚竟多达 179 个，另外的专用大规模集成电路芯片有 4 种，厚膜电路芯片 22 种；还有 32 位的高速处理器、4 兆比特的磁泡存储器等，元件数比前期同类产品又减少 30%。由于该系列采用了光导纤维技术，使过去在数控装置与机床以及控制面板之间的几百根电缆大幅度减少，提高了抗干扰性和可靠性。该系统在 DNC 方面能够实现主计算机与机床、工作台、机械手、搬运车等之间各类数据的双向传送。它的 PLC 装置使用了独特的无触点、无极性输出和大电流、高电压输出电路，能促使强电柜的半导体化。此外 PLC 的编程不仅可以使用梯形图语言，还可以使用 PASCAL 语言，便于用户自己开发软件。数控系统 10、11、12 还充实了专用宏功能、自动计划功能、自动刀具补偿功能、刀具寿命管理、彩色图形显示 CRT 等。

1985 年，FANUC 公司又推出了数控系统 0，它的特点是体积小、价格低，适用于机电一体化的小型机床，因此它与适用于中、大型的系统 10、11、12 一起组成了这一时期的全新系列产品。在硬件组成方面，以最少的元件数量发挥最高的效能为宗旨，采用了最新型高速高集成度处理器，共有专用大规模集成电路芯片 6 种，其中 4 种为低功耗 CMOS 专用大规模集成电路；专用的厚膜电路 3 种。三轴控制系统的主控制电路包括输入、输出接口及 PMC(Programmable Machine Control) 和 CRT 电路等都在一块大型印制电路板上，与操作面板 CRT 组成一体。系统 0 具有彩色图形显示、会话菜单式编程、专用宏功能、多种语言(汉、德、法)显示、目录返回功能等。FANUC 公司推出数控系统 0 以来，得到了各国用户的高度评价，成为世界范围内用户最多的数控系统之一。

1987 年，FANUC 公司又成功研制出数控系统 15，被称为划时代的人工智能型数控系统，它应用了 MMC(Man Machine Control)、CNC、PMC 的新概念。系统 15 采用了高速度、高精度、高效率加工的数字伺服单元、数字主轴单元和纯电子式绝对位置检出器，还增加了 MAP(Manufacturing Automatic Protocol)、窗口功能等。

FANUC 公司目前生产的数控装置有 F0/F10/F11/F12/F15/F16/F18 系列。F00/F100/F110/F120/F150 系列是在 F0/F10/F12/F15 的基础上加了 MMC 功能，即 CNC、PMC、MMC 三位一体的 CNC。

FANUC 系统在设计中大量采用模块化结构。这种结构易于拆装，各个控制板高度集成，使可靠性有很大提高，而且便于维修、更换。FANUC 系统设计了比较健全的自我保护电路。FANUC 系统性能稳定，操作界面友好，系统各系列总体结构非常类似，具有基本统一的操作界面。FANUC 系统可以在较为宽泛的环境中使用，对于电压、温度等外界条件的要求不是特别高，因此适应性很强。

2.3.1 FANUC 数控系统的特点

(1) 结构上长期采用大板结构，但在新的产品中已采用模块化结构。

(2) 采用专用 LSI，以提高集成度、可靠性，减小体积和降低成本。

(3) 产品应用范围广。每一 CNC 装置上可配置多种上控制软件，适用于多种机床。

(4) 不断采用新工艺、新技术。如表面安装技术 SMT、多层印制电路板、光导纤维电缆等。

（5）CNC装置体积减小，采用面板装配式、内装式PMC（可编程机床控制器）。

（6）在插补、加减速、补偿、自动编程、图形显示、通信、控制和诊断方面不断增加新的功能。

插补功能：除直线、圆弧、螺旋线插补外，还有假想轴插补、极坐标插补、圆锥面插补、指数函数插补、样条插补等。

切削进给的自动加减速功能：除插补后直线加减速，还插补前加减速。

补偿功能：除螺距误差补偿、丝杠反向间隙补偿之外，还有坡度补偿、线性度补偿以及各新的刀具补偿功能。

故障诊断功能：采用人工智能，系统具有推理软件，以知识库为根据查找故障原因。

（7）CNC装置面向用户开放的功能。

（8）支持多种语言显示。如日、英、德、汉、意、法、荷、西班牙、瑞典、挪威、丹麦语等。

（9）备有多种外设。

（10）已推出MAP（制造自动化协议）接口，使CNC通过该接口实现与上一级计算机通信。

（11）现已形成多种版本。

2.3.2　常见FANUC数控系统

（1）高可靠性的PowerMate 0系列：用于控制2轴的小型车床，取代步进电动机的伺服系统；可配画面清晰、操作方便。且中文显示的CRT/MDI，也可配性价比高的DPL/MDI。

（2）普及型CNC 0-D系列：0-TD用于车床，0-MD用于铣床及小型加工中心，0-GCD用于圆柱磨床，0-GSD用于平面磨床，0-PD用于冲床。

（3）全功能型的0-C系列：0-TC用于通用车床、自动车床，0-MC用于铣床、钻床、加工中心，0-GCC用于内、外圆磨床，0-GSC用于平面磨床，0-TTC用于双刀架4轴车床。

1985年开发，系统的可靠性很高，使得其成为世界畅销的CNC，该系统2004年9月停产，共生产了35万台，至今有很多还在使用中。图2-1所示为FANUC 0-C/0-D系列。

（4）高性能/价格比的0i系列：整体软件功能包、高速、高精度加工，并具有网络功能。0i系列2001年开发，是具有高可靠性、高性价比的CNC。图2-2所示为FANUC 0i-A。

2.3 FANUC 数控系统

图 2-1 FANUC 0-C/0-D 系列

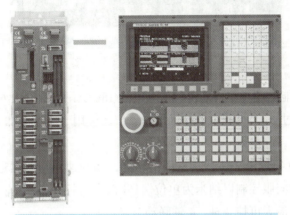

图 2-2 FANUC 0i-A

1) 0i-B/0i mate-B 系列

0i-B/0i mate-B 系列 2003 年开发,是具有高可靠性、高性价比的 CNC,和 0i-A 相比,0i-B/0i mate-B 采用 FSSB(串行伺服总线)代替了 PWM 指令电缆。图 2-3 所示为 FANUC 0i-B,图 2-4 所示为 FANUC 0i mate-B。

图 2-3 FANUC 0i-B

图 2-4 FANUC 0i mate-B

2) 0i-C/0i mate-C 系列

0i-C/0i mate-C 系列 2004 年开发,是具有高可靠性、高性价比的 CNC,和 0i-B/0i mate-B 相比,其特点是 CNC 与液晶显示器构成一体,便于设定和调试。图 2-5 所示为 FANUC 0i-C。

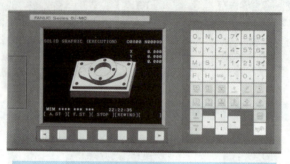

图 2-5 FANUC 0i-C

(5) 具有网络功能的超小型、超薄型 CNC 16i/18i/21i 系列(图 2-6):1996 年开发,该系统凝聚了 FANUC 过去 CNC 开发的技术精华,广泛应用于车床、加工中心、磨床等各类机床。

控制单元与 LCD 集成于一体,具有网络功能,超高速串行数据通信。其中 FS16i-MB 的插补、位置检测和伺服控制以纳米为单位。16i 最大可控 8 轴,6 轴联动;18i 最大可控 6 轴,4 轴联动;21i 最大可控 4 轴,4 轴联动。

图 2-6 FANUC 16i/18i/21i 系列

除此之外,还有实现机床个性化的 CNC 16/18/160/180 系列,1990—1993 年间开发。图 2-7 所示为 FANUC 16/18/21 系列。

(6) FANUC 30i/31i/32i 系列(图 2-8)

FANUC 30i/31i/32i 系列 2003 年开发,适合控制 5 轴加工机床、复合加工机床、多路径车床等尖端技术机床的纳米级 CNC。采用高性能处理器并可确保高速的 CNC 内部总线,

图 2-7　FANUC 16/18/21 系列

使得最多可控制 10 个路径和 40 个轴。同时配备了 15 英寸大型液晶显示器，具有出色的操作性能。通过 CNC 伺服检测器可进行纳米级单位的控制，并可实现高速、高质量的模具加工。

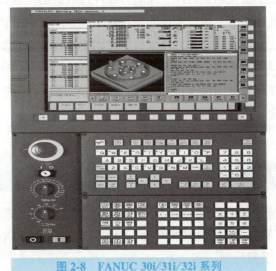

图 2-8　FANUC 30i/31i/32i 系列

2.4　西门子(SINUMERIK)数控系统

　　SIEMENS 公司的数控装置采用模块化结构设计，经济性好，在一种标准硬件上，配置多种软件，使其具有多种工艺类型，满足各种机床的需要，并成为系列产品。随着微电子技术的发展，越来越多地采用大规模集成电路(LSI)、表面安装器件(SMC)及应用先进加工工艺，所以新的系统结构更为紧凑、性能更强、价格更低。采用 SIMATICS 系列可编程控制器或集成式可编程控制器，利用 SYEP 编程语言，具有丰富的人机对话功能，具有多种语言的显示。

SIEMENS 数控系统不仅提供先进的技术，其灵活的二次开发能力使之非常适合于教学应用。学习者通过在一般教学环境下的培训就能掌握包括用在高端系统上的数控技术与过程。SIEMENS 还为数控领域的职业教育设计了专门的、以教学仿真软件 SINUTRAIN 为核心的数控教育培训体系，通过由浅入深的操作编程培训及真实的模拟环境来提高学习者的全面技术水平和能力。

SIEMENS 系统是一个集成所有数控系统元件(数字控制器、可编程控制器、人机操作界面)于一体的操作面板安装形式的控制系统，所配套的驱动系统接口采用 SIEMENS 公司全新设计的可分布式安装来简化系统结构的驱动技术，这种新的驱动技术所提供的接口可以连接多达 6 轴数字驱动。外部设备通过现场控制总线 PROFIBUS、MPI 连接。这种新的驱动接口连接技术只需要最少数量的几根连线就可以进行非常简单而容易的安装。SINUMERIK 系统为标准的数控车床和数控铣床提供了完备的功能，其配套的模块化结构的驱动系统为各种应用提供了极大的灵活性。性能方面经过改进的工程设计软件可以帮助用户完成项目开始阶段的设计选型。接口实现的最新数字式驱动技术提供了统一的数字式接口标准，各种驱动功能按照模块化设计，可以根据性能要求和智能化要求灵活安排，各种模块不需要电池及风扇，因而无须任何维护。使用的标准闪存卡(CF)可以方便地备份全部调试数据文件和子程序，通过闪存卡(CF)可以对加工程序进行快速处理，通过连接端子可以使用两个电子手轮。

2.4.1 SIEMENS 数控系统产品种类

SIEMENS 数控系统是 SIEMENS 集团旗下自动化与驱动集团的产品，SIEMENS 数控系统 SINUMERIK 发展了很多代。SIEMENS 公司 CNC 装置主要有 SINUMERIK3/8/810/820/850/880/805/802/840 系列。

目前广泛使用的主要有 802、810、840 等几种类型。

1. SINUMERIK 802S/C 系统

SINUMERIK 802S/C 系统是专门为低端数控机床市场而开发的经济型 CNC 控制系统，如图 2-9 所示。802S/C 两个系统具有同样的显示器、操作面板、数控功能、PLC 编程方法等，所不同的只是 SINUMERIK 802S 带有步进驱动系统，控制步进电动机，可带 3 个步进驱动轴及一个 ±10 V 模拟伺服主轴；SINUMERIK 802C 带有伺服驱动系统，采用传统的模拟伺服 ±10 V 接口，最多可带 3 个伺服驱动轴及一个伺服主轴。

2.4 西门子(SINUMERIK)数控系统

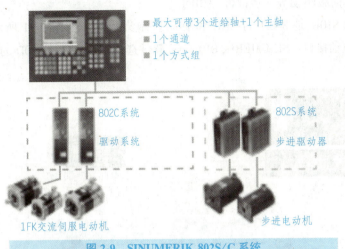

图 2-9 SINUMERIK 802S/C 系统

2. SINUMERIK 802D 系统

SINUMERIK 802D 系统属于中低档系统,如图 2-10 所示,其特点是:全数字驱动、中文系统、结构简单(通过 PROFIBUS 连接系统面板、I/O 模块和伺服驱动系统)、调试方便。具有免维护性能的 SINUMERIK 802D 核心部件——控制面板单元(PCU)具有 CNC、PLC、人机界面和通信等功能,集成的 PC 硬件可使用户非常容易地将控制系统安装在机床上。

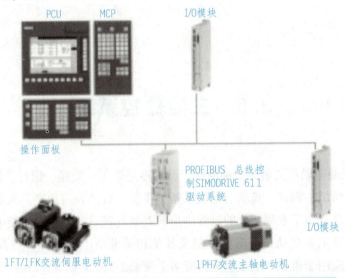

图 2-10 SINUMERIK 802D 系统

3. SINUMERIK 840D/810D/840Di 系统

840D/810D 几乎是同时推出的,具有非常高的系统一致性,显示/操作面板、机床操作面板、S7-300PLC、输入/输出模块、PLC 编程语言、数控系统操作、工件程序编程、参数设定、诊断、伺服驱动等许多部件均相同。

SINUMERIK 810D 是 840D 的 CNC 和驱动控制集成型，如图 2-11 所示。SINUMERIK 810D 系统没有驱动接口，SINUMERIK 810D NC 软件选件基本包含了 840D 的全部功能。

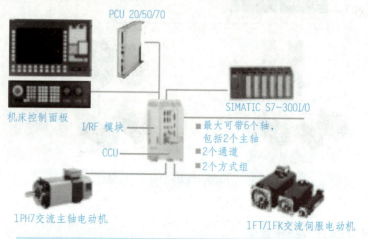

图 2-11　SINUMERIK 810D 系统

4. SINUMERIK 840C 系统

SINUMERIK 840C 系统一直雄居世界数控系统水平之首，内装功能强大的 PLC 135WB2，可以控制 SIMODRIVE 611A/D 模拟式或数字式交流驱动系统，适合于高复杂度的数控机床。

2.5　三菱数控系统

1873 年，三菱造船厂更名为三菱商会，开始涉足采矿、造船、银行、保险、仓储和贸易。随后，又经营纸、钢铁、玻璃、电气设备、飞机、石油和房地产。现在，三菱建立了一系列的企业，在日本工业现代化的过程中扮演着举足轻重的角色。三菱电动机自动化一直致力于为客户在工业自动化、电力控制及其他相关业务上提供专业产品设备和解决方案，产品被广泛应用于机械、冶金、电力等多个领域。

1. C70 三菱数控系列

C70 三菱数控系列满足生产线(汽车发动机等)部品加工要求，提高了可靠性，缩短了故障时间，一块基板上同时最大可连接 2 个 NC 控制器；强化了数控功能(单个 NC 控制器内支持最大系统数 7，最大支持 6 主轴)；标准采用彩色触摸屏显示器，可用 GT Designer 自定义操作界面；利用 PC 平台伺服自动调整软件 MS Configurator，简化伺服优化手段；

全面采用高速光纤通信,提升数据传输速率和可靠性。

2. M700V 三菱数控系列

M700V 三菱数控系列是完全纳米控制系统,高精度、高品位加工;支持 5 轴联动,可加工复杂表面形状的工件;多样的键盘规格(横向、纵向)支持;支持触摸屏,提高操作便捷性和用户体验;支持向导界面(报警向导、参数向导、操作向导、G 代码向导等),改进用户使用体验;标准提供在线简易编程支援功能(NaviMill、NaviLathe),简化加工程序编写;NC Designer 自定义画面开发对应,个性化界面操作,提高机床厂商知名度;标准搭载以太网接口(10BASE-T/100BASE-T),提升数据传输速率和可靠性;PC 平台伺服自动调整软件 MS Configurator,简化伺服优化手段;支持高速同期攻牙 OMR-DD 功能,缩短攻牙循环时间,最小化同期攻牙误差;全面采用高速光纤通信,提升数据传输速度和可靠性。

3. M70V 三菱数控系列

针对客户不同的应用需求和功能细分,可选配 M70V Type A:11 轴和 Type B:9 轴;M70VA 铣床标准支持双系统;M70V 系列最小指令单位 0.1 μm,内部控制单位提升至 1 nm;最大程序容量提升到 2 560 m(选配),增大自定义画面存储容量(需要外接板卡);M70V 系列拥有与 M700V 系列相当的 PLC 处理性能;画面色彩由 8 bit 提升至 16 bit,效果更加明显,支持向导界面(报警向导、参数向导、操作向导、G 代码向导等),改进用户使用体验;标准提供在线简易编程支援功能(NaviMill、NaviLathe),简化加工程序编写;NC Designer 自定义画面开发对应,个性化界面操作,提高机床厂商知名度;标准搭载以太网接口(10BASE-T/100BASE-T),提升数据传输速率和可靠性;PC 平台伺服自动调整软件 MS Configurator,简化伺服优化手段;支持高速同期攻牙 OMR-DD 功能,缩短攻牙循环时间,最小化同期攻牙误差;全面采用高速光纤通信,提升数据传输速度和可靠性。

4. C64 三菱数控系列

C64 三菱数控系列满足生产线(汽车发动机等)部品加工要求,提高了可靠性,缩短了故障时间;对应多种三菱 FA 网络:MELSECNET/10、以太网和 CC-LINK,实现了以 10M/100 Mbps 的速度进行高速、大容量的数据通信,进一步提高生产线的加工效率;NC 内藏 PLC 机能强化:GX-Developer 对应;指令种类充实;多个 PLC 程序同时运行;运行中 PLC 程序修改;多系统 PLC 接口信号配置等;专机用 PLC 指令扩充:增加了 ATC、ROT、TSRH、DDBA、DDBS 指令,简化了 PLC 程序设计;数控功能强化、多轴、多系统对应。

5. E60 三菱数控系列

内含 64 位 CPU 的高性能数控系统,采用控制器与显示器一体化设计,实现了超小型化;伺服系统采用薄型伺服电动机和高分辨率编码器(131,072 脉冲/转),增量/绝对式对应;标准 4 种文字操作界面:简体/繁体中文,日文/英文;由参数选择车床或铣床的控制软件,简化维修与库存;全部软件功能为标准配置,无可选项,功能与 M50 系列相当;标准具备 1 点模拟输出接口,用以控制变频器主轴;可使用三菱电动机 MELSEC 开发软件

GX-Developer，简化 PLC 梯形图的开发；可采用新型 2 轴一体的伺服驱动器 MDS-R 系列，减少安装空间；开发伺服自动调整软件，节省调试时间及技术支援之人力。

6. M60S 三菱数控系列

所有 M60S 系列控制器都标准配备了 RISC 64 位 CPU，具备目前世界上最高水准的硬件性能；高速、高精度机能对应，尤为适合模具加工。M64SM-G05P3：16.8 m/min 以上，G05.1Q1：计划中；标准内藏对应全世界主要通用的 12 种多国语言操作界面(包括繁体/简体中文)；可对应内含以太网络和 IC 卡界面(M64SM-高速程序伺服器：计划中)；坐标显示值转换可自由切换(程序值显示或手动插入量显示切换)；标准内藏波形显示功能，工件位置坐标及中心点测量功能，缓冲区修正机能扩展；可对应 IC 卡/计算机链接 B/DNC/记忆/MDI 等模式；编辑画面中的编辑模式，可自行切换成整页编辑或整句编辑；图形显示机能改进，可含有道具路径资料，以充分显示工件坐标及道具补偿的实际位置；简易式对话程序软件(使用 APLC 所开发之 Magicpro-NAVI MILL 对话程序)；可对应 Windows95/98/2000/NT4.0/Me 的 PLC 开发软件；特殊 G 代码和固定循环程序，如 G12/13 、G34/35/36. G37.1 等。

2.6 华中(HNC)数控系统

华中数控系统有限公司成立与 1995 年，由华中理工大学、中国国家科技部、湖北省武汉市科委、武汉市东胡高新技术开发区、香港大同工业设备有限公司等政府部门和企业共同投资组建。近几年来，公司都以 300% 的速度迅猛发展。图 2-12 所示为华中数控系统。

图 2-12 华中数控系统

2.6 华中(HNC)数控系统

公司在"八五"期间承担了多项国家数控攻关重点课题,取得了一大批重要成果。其中"华中Ⅰ型数控系统"在中国率先通过技术鉴定,在同行业中处于领先地位,被专家评定为"重大成果""多项创新""国际先进"。该项目同时还获得了中国国家 863 的重点支持。1997 年,华中Ⅰ型数控系统被国家科技部列入"1997 年度中国国家新产品计划(742176163004)"和"九五国家科技成果重点推广计划指南项目(98020104A)"。

1. 华中Ⅰ型(HNC-1)高性能数控系统主要特点

(1) 以通用工控机为核心的开放式体系结构。

系统采用基于通用 32 位工业控制机和 DOS 平台的开放式体系结构,可充分利用 PC 的软硬件资源,二次开发容易,易于系统维护和更新换代,可靠性好。

(2) 独创的曲面直接插补算法和先进的数控软件技术。

处于国际领先水平的曲面直接插补技术将目前 CNC 上的简单直线、圆弧差补功能提高到曲面轮廓的直接控制,可实现高速、高效和高精度的复杂曲面加工。采用汉字用户界面,提供完善的在线帮助功能,具有三维仿真校验和加工过程图形动态跟踪功能,图形显示形象直观。

(3) 系统配套能力强。

公司具备了全套数控系统配套能力。系统可选配该公司生产的 HSV-11D 交流永磁同步伺服驱动与伺服电动机、HC5801/5802 系列步进电动机驱动单元与电动机、HG.BQ3-5B 三相正弦波混合式驱动器与步进电动机和国内外各类模拟式、数字式伺服驱动单元。

2. 华中-2000 型高性能数控系统

华中-2000 型数控系统(HNC-2000)是在国家"八五"科技攻关重大科技成果——华中Ⅰ型(HNC-1)高性能数控系统的基础上开发的高档数控系统。该系统采用通用工业 PC、TFT 真彩色液晶显示器,具有多轴多通道控制能力和内装式 PLC,可与多种伺服驱动单元配套使用,具有开放性好、结构紧凑、集成度高、可靠性好、性价比高、操作维护方便的优点,是适合中国国情的新一代高性能、高档数控系统。

3. HNC-1M 铣床、加工中心数控系统

HNC-1M 铣床、加工中心数控系统采用以工业 PC 为硬件平台,DOS 及其丰富的支持软件为软件平台的技术路线,使得系统具有可靠性好、性能价格比高、更新换代和维护方便、便于用户二次开发等优点。系统可与各种 3~9 轴联动的铣床、加工中心配套使用。系统除具有标准数控功能外,还内设二级电子齿轮、内装式可编程控制器、双向式螺距补偿、加工断点保护与恢复、故障诊断与显示功能。独创的三维曲面直接插补功能,极大地简化了零件程序信息和加工辅助工作。此外,系统使用汉字菜单和在线帮助,操作方便,具有三维仿真校验及加工过程动态跟踪能力,图形显示形象直观。

4. HNC-1T 车床数控系统

其可与各种数控车床、车削加工中心配套使用。该系统以 32 位工业 PC 为控制机,其

处理能力、运算速度、控制精度、人机界面及图形功能等方面均较目前流行的车床数控系统有较大的提高；具有类似高级语言的宏程序功能，可以进行平面任意曲线的加工；操作方便、性能可靠、配置灵活、功能完善，具有良好的性价比。

2.7 广州数控(GSK)系统

广州数控设备有限公司是中国南方数控产业基地，广东省 20 家重点装备制造企业之一，中国国家 863 重点项目中档数控系统产业化支撑技术承担企业，拥有中国最大的数控机床连锁超市。公司秉承科技创新、追求卓越品质，以提高用户生产力为先导，以创新技术为动力，为用户提供 GSK 全系列机床控制系统、进给伺服驱动装置和伺服电动机、大功率主轴伺服驱动装置和主轴伺服电动机等数控系统的集成解决方案，积极推广机床数控化改造服务，开展数控机床贸易。GSK 拥有国内最大的数控系统研发生产基地、中国一流的生产设备和工艺流程、科学规范的质量控制体系，以保证每套产品合格出厂。GSK 产品批量配套全国五十多家知名机床生产企业，是中国主要机床厂家数控系统首选供应商。

GSK980T 车床数控系统

1. GSK980T 车床数控系统(CNC)

于 1998 年推出的普及型数控系统，如图 2-13 所示。作为经济型数控系统的升级换代产品，GSK980T 具有以下技术特点：

(1)采用高级处理器(CPU)和可编程门阵列(PLD)进行硬件插补，实现高速微米级控制。

(2)采用四层线路板，集成度高，整机工艺结构合理，可靠性高。

(3)液晶(LCD)中文显示，界面友好、操作方便。

(4)加减速可调，可配套步进驱动器或伺服驱动器。

图 2-13 GSK980T 车床数控系统

(5)可变电子齿轮比，应用方便。

2. GSK928TC 车床数控系统

GSK928TC 为经济型微米级车床数控系统，采用大规模门阵列(CPLD)进行硬件插补，真正实现了高速微米级控制，如图 2-14 所示。

使用图形液晶显示器(LCD)，中文菜单及刀具轨迹图形显示，界面友好。加减速时间可调，可适配反应式步进系统、混合式步进系统或交流伺服系统构成不同档次的车床数控系统。

图 2-14　GSK928TC 车床数控系统

2.8　数控系统的选用

数控系统有很多种类，选择合适的系统是选购数控机床的关键。

2.8.1　数控系统的选配

数控系统是数控机床的"大脑"，对机床控制信息进行运算及处理。根据数控系统的原理可分为经济型数控系统和标准型数控系统两大类。

1. 经济型数控系统

经济型数控系统从控制方法来看，一般指开环数控系统，具有结构简单、造价低、维修调试方便、运行维护费用低等优点，但受步进电动机矩频特性及精度、进给速度、力矩三者之间的相互制约，性能的提高受到限制。所以，经济型数控系统常用于数控线切割及一些速度和精度要求不高的经济型数控车床、铣床等，在普通机床的数控化改造中也得到广泛的应用。

开环数控系统是指数控系统本身不带位置检测装置，由数控系统送出一定数量和频率的指令脉冲，由驱动单元进行机床定位。开环系统在外部因素影响的情况下，机床不动作或动作不到位，但系统认为机床到达了指定位置，此时机床的加工精度将大大降低。但因其结构简单、反应迅速、工作稳定可靠、调试及维修均很方便，加之价格十分低廉，因此，目前在国内至今仍有最大的市场。

2. 标准型数控系统

标准型数控系统包括半闭环数控系统和全闭环数控系统。

半闭环数控系统一般指机床的伺服电动机的位置信号(光电编码器)反馈到数控系统，系统能自动进行位置检测和误差比较，可对部分误差进行补偿控制，因此其控制精度比开环数控系统要高，但比全闭环的数控系统要低。

全闭环数控系统除包括机床的伺服电动机的位置反馈外，还有机床工作台的位置检测装置(通常用光栅尺)的位置信号反馈到系统，从而形成全部位置随动控制，系统在加工过程中自动检测并补偿所有的位置误差。

全闭环数控系统的加工精度是最高的，但这种系统的调试、维修极其困难，而且系统的价格很高，只适用于中、高档的数控机床上。

因为开环控制系统的价格比闭环控制系统要低得多，因此在选择数控系统时，要考虑数控系统占整台数控机床的价格成本比例，然后根据机床的配置情况及机床本身的要求，中、低档机床采用开环控制系统，中、高档机床采用闭环控制系统。

2.8.2 驱动单元的选配

驱动单元包括驱动装置和电动机两部分，对驱动单元的选购主要在于驱动装置的选择，因为电动机是通用的部件，性能差别只存在于不同的厂家和型号。

驱动电动机主要可分为：反应式步进驱动电动机、混合式(也称永磁反应式)步进驱动电动机和伺服驱动电动机三大类。

反应式步进驱动电动机的转子无绕组，由被励磁的定子绕组产生反应力矩实现步进运行。混合式步进电动机的转子用永久磁钢，由励磁和永磁产生的电磁力矩实现步进运行。步进电动机受脉冲的控制，通过改变通电的顺序可改变电动机的旋转方向，改变脉冲的频率可改变电动机的旋转速度。步进动电动机有一定的步距精度，没有累积误差。但步进电动机的效率低，拖动负载的能力不大，脉冲当量不能太大，调速范围不大。目前，步进电动机可分为两相、三相、五相等几种，常用的是三相步进电动机，如广州数控的DY3A即是三相混合式步进驱动器。在过去很长一段时间里，步进电动机占有很大的市场，但目前正逐步为伺服电动机所取代。

目前，常用的伺服电动机是交流伺服电动机，在电动机的轴端装有光电编码器，通过检测转子角度来进行变频控制。从最低转速到最高转速，伺服电动机都能平滑运转，转矩波动小。伺服电动机有较长的过载能力，有较小的转动惯量和大的堵转转矩。伺服电动机有很小的启动频率，能很快从最低转速加速到额定转速。

采用交流伺服电动机作为驱动器件，可以和直流伺服电动机一样构成高精度、高性能的半闭环或闭环控制系统。由于交流伺服电动机内是无刷结构，几乎不需要维修，体积相对较小，有利于转速和功率的提高，目前已经在很大范围内取代了直流伺服电动机。采用高速微处理器和专用数字信号处理机（DSP）的全数字化交流伺服系统出现后，原来的硬件伺服控制变为软件伺服控制，一些现代控制理论中的先进算法得到实现，进而大大地提高了伺服系统的性能，因此伺服单元能较大地提高加工效率及加工精度，但伺服驱动单元的价格也较高。随着伺服控制技术的逐步提高，目前伺服驱动单元正逐步成为驱动单元的主力军，伺服驱动单元的价格也在逐步降低。

伺服驱动器有两种：一种采用脉冲控制方式，此种驱动器与电动机闭环，但不反馈到数控系统，这种驱动器在某种程度上可称为开环控制的伺服控制；另一种采用电压控制方式，通过电压的高低进行电动机的转速控制，电动机的反馈信号通过驱动器反馈到数控系统进行位置控制。

选择驱动单元时，也要考虑驱动单元的价格在整台数控机床中的比例。整台数控机床价格较低的一般选择步进驱动单元，而价格较高的机床选择伺服驱动单元。但选择驱动单元的同时，也要考虑驱动单元与数控系统的匹配问题，选择闭环控制系统时必须选择闭环的伺服驱动单元。交流伺服系统的性能在许多方面都优于步进电动机，但在一些要求不高的场合也经常用步进电动机来作执行电动机。所以，在控制系统的设计过程中要综合考虑控制要求、成本等多方面的因素，选用适当的控制电动机。

2.8.3 功能选择

以上是根据数控系统的加工精度进行考虑，除此以外，还要从数控系统的功能选择上考虑。

1. 控制轴

数控系统控制轴的数量也是选择的关键。控制轴可分为直线进给轴和旋转轴，按控制轴的数量可分为两轴联动、三轴联动和多轴联动等。控制轴的数量越多，机床所能加工的形状越复杂，但其成本就越高。目前，车床一般用两个直线移动轴联动，有时会附加一个直线移动轴或旋转轴。铣床一般用三个直线移动轴联动，有时会附加一个直线移动轴或旋转轴。高档的系统则联动的轴更多，代表机床制造业最高境界的是五轴联动数控机床系统，其中三个轴为一个直线移动轴、两个旋转轴，五轴联动时可加工出复杂的空间曲面。当然这需要高档的数控系统、伺服系统以及软件的支持，对机床的要求也极高。

控制轴越多，数控系统的价格呈几何级数增长。因此，在选择数控系统时，要根据机床本身的运动轴进行选择，多余的控制轴并不能提高机床的控制精度，反而会增加数控系统的成本。

2. 图形显示

系统的图形显示功能，该功能用于模拟零件加工过程，显示真实刀具在毛坯上的切削路径，可以选择直角坐标系中的两个不同平面，也可选择不同视角的三维立体，可以在加工的同时做实时的显示，也可在机械锁定的方式下做加工过程的快速描绘，是一种检验零件加工程序、提高编程效率和实时监视的有效工具。

3. DNC 传输功能

众所周知，由非圆曲线或面组成的零件加工程序的编制是十分困难的，通常的办法是借助于通用计算机的计算，将它们细分为微小的三维直线段组成的加工程序，在模具加工中这种长达几百 KB 的加工程序是经常遇到的，而一般数控系统提供的程序存储容量为 64～128 KB，这给模具加工带来了很大困难。DNC 通信功能具有两种工作方式，其一是一次地将通用计算机中的程序传送到数控系统加工程序的存储区内（如果它的容量足够大的话），其二是将通用计算机中的程序一段一段地传送到数控系统的缓冲存储器中，边加工边传送，直到加工结束。其彻底解决了大容量程序零件的加工问题，虽然选用这项功能需要增加一定的费用，但它确实是一项实用功能，因此，建议在选择数控系统时将 DNC 传输功能作为必备功能。

4. 刚性攻螺纹

攻螺纹是数控机床的一项常用功能，到底采用什么方式是一个值得考虑的问题。刚性攻螺纹功能必须采用伺服电动机驱动主轴，不仅要求在主轴上增加一个位置传感器，而且对主轴传动机构的间隙和惯量都有严格要求，电气设计和调整也有一定的工作量，所以，这个功能的成本是不能忽略的。对用户来说，如果可以通过采用弹性缩卡头进行柔性攻螺纹，或者机床本身的转速并不高时，就不必选用刚性攻螺纹功能。

上述这类问题在数控机床的功能配置时是经常遇到的，作为一个数控机床的设计和销售人员，必须清楚地了解数控系统的各种功能用途，根据机床的实际情况为用户配置经济合理、功能和价格比都比较高的数控机床，减少不必要的浪费。FANUC 数控系统性能对照见表 2-1。

表 2-1 FANUC 数控系统性能对照

年代	系统的种类	控制轴数/联动轴数	伺服的种类	应用情况
1976 年	FS-5 FS-7 POWER MATE 系列 F200C、F330D		DC 伺服电动机	
1979 年	FS-2 系列 FS-3 系列 FS-6 系列 FS-9 系列			

2.8 数控系统的选用

续表

年代	系统的种类	控制轴数/联动轴数	伺服的种类	应用情况
1984 年	FS 10 系列 FS 11 系列 FS 12 系		AC 伺服电动机 （模拟控制）	
1985 年	FS 0 系列	4/4		一般机械 小型机械 经济型机械
1987 年	FS 15 系列	24/16		高精度机床 复合机械 五面体加工机
1990 年	FS 16 系列	8/6		高性能机械 五面体加工机
1991 年	FS 18 系列	6/4		高性能机械
1992 年	FS 20 系列	4/3		
1993 年	FS 21 系列	5/4		高性能机械 一般机械
1996 年	FS 16i 系列	8/6	AC 伺服电动机 （数字控制）	高性能机械 五面体加工机 一般机械
	FS 18i 系列	8/4 18iMB5 8/5		
	FS 21i 系列	5/4		
1998 年	FS 15i 系列	24/24		高精度 复合机械 五面体加工机
2001 年	FS 0i-A 系列	4/4		一般机械 小型机械 经济机械
2003 年	FS 0i-B 系列	4/4		
	FS 0i MATE-B 系列	3/3		
2004 年	FS 0i-C 系列	4/4		高精度 复合机械 五面体加工机 生产线
	FS 0i MATE-C 系列	3/3		
	FS 30i/31i/32i 系列	30i 32/24 31i 20/12 32i 9/5		

西门子数控系统性能对照见表 2-2。

表 2-2 西门子数控系统性能对照

系统	802S	802C	802D	810D	840D	840C
进给轴/主轴	3/1	3/1	4/1	6/1+1	6/6	30/6
驱动系统	步进驱动	611A/U	611U	611D	611D	611D
插补轴	3	3	3	4	4	5
通道	1	1	1	1	2	6
PLC 编程	S7-200	S7-200	S7-200	S7-300	S7-300	S5 135WB2
龙门同步轴	NO	NO	NO	NO	YES	YES
HMI 硬盘	NO	NO	NO	YES	YES	YES
性能	经济型	经济型	经济型	中档	高档	高档

思考与练习

(1) 典型的数控系统有哪些?

(2) 经济型数控机床包含哪些结构?

(3) 数控机床软件结构包含哪些内容?

(4) 开放式数控系统有哪些特点?

(5) CNC 装置硬件由哪些结构组成?

(6) CNC 装置的功能有哪些?

第 3 章
数控机床的位置检测装置

学习目标

大国工匠——顾秋亮

1. 知识目标

(1) 掌握位置编码器的基本原理、分类；

(2) 了解常见的位置编码器的基本原理。

2. 能力目标

(1) 能掌握常见的位置编码器各自的特点；

(2) 能根据应用环境选用合适的位置编码器。

3. 素养目标

(1) 通过对位置检测装置的学习，培养学生对待工作认真严谨的职业素养；

(2) 在实践中增加新的认知。

位置检测装置也是数控机床的重要组成部分。在闭环、半闭环控制系统中，它的主要作用是检测位移和速度并发出反馈信号，构成闭环或半闭环控制。数控机床对位置检测装置的要求如下：

(1) 工作可靠，抗干扰能力强。

(2) 满足精度和速度的要求。

(3) 易于安装，维护方便，适应机床工作环境，成本低。

位置检测装置是数控机床闭环伺服系统的重要组成部分，它的主要作用是检测位移和速度，并发出反馈信号与数控装置发出的指令信号进行比较，若有偏差，则经过放大后控制执行部件，使其向消除偏差的方向运动，直至偏差为零为止。闭环控制的数控机床的加工精度主要取决于检测系统的精度。因此，精密检测装置是高精度数控机床的重要保证。一般来说，数控机床上使用的检测装置应满足以下要求：

(1) 准确性好，满足精度要求，工作可靠，能长期保持精度。

(2) 满足速度、精度和机床工作行程的要求。

(3) 可靠性好，抗干扰性强，适应机床工作环境的要求。

(4)使用、维护和安装方便，成本低。

位置检测装置按工作条件和测量要求不同，有下面几种分类方法：

1. 直接测量和间接测量

(1)直接测量。

直接测量是将直线型检测装置安装在移动部件上，用来直接测量工作台的直线位移，作为全闭环伺服系统的位置反馈信号，从而构成位置闭环控制，其优点是准确性高、可靠性好，缺点是测量装置要和工作台行程等长，所以在大型数控机床上受到一定限制。

(2)间接测量。

它是将旋转型检测装置安装在驱动电动机轴或滚珠丝杠上，通过检测转动件的角位移来间接测量机床工作台的直线位移，作为半闭环伺服系统的位置反馈用。

其优点是测量方便、无长度限制；缺点是测量信号中增加了由回转运动转变为直线运动的传动链误差，从而影响了测量精度。

2. 数字式测量和模拟式测量

(1)数字式测量。

它是将被测的量以数字形式来表示，测量信号一般为脉冲，可以直接把它送到数控装置进行比较、处理。信号抗干扰能力强、处理简单。

(2)模拟量测量。

它是将被测的量用连续变量来表示，如电压变化、相位变化等。它对信号处理的方法相对来说比较复杂。

3. 增量式测量和绝对式测量

(1)增量式测量。

在轮廓控制数控机床上多采用这种测量方式，增量式测量只测相对位移量，如测量单位为 0.001 mm，则每移动 0.001 mm 就发出一个脉冲信号，其优点是测量装置较简单，任何一个对中点都可以作为测量的起点，而移距是由测量信号计数累加所得，但一旦计数有误，则以后测量所得结果完全错误。

(2)绝对式测量。

绝对式测量装置对于被测量的任意一点位置均由固定的零点标起，每一个被测点都有一个相应的测量值。测量装置的结构较增量式复杂，如在编码盘中，对应于编码盘的每一个角度位置便有一组二进制位数。显然，分辨精度要求越高，量程越大，则所要求的二进制位数也越多，结构就越复杂。

通常，数控机床检测装置的分辨率一般为 0.000 1~0.01 mm/m，测量精度为 ±0.001~0.01 mm/m，能满足机床工作台以 1~10 m/min 的速度运行。不同类型数控机床对检测装置的精度和适应的速度要求是不同的，对大型机床以满足速度要求为主，对中、小型机床和高精度机床以满足精度为主。

位置检测装置的分类见表3-1。

表3-1 位置检测装置的分类

类型	数字式		模拟式	
	增量式	绝对式	增量式	绝对式
回转型	圆光栅	编码器	旋转变压器，圆形磁栅，圆感应同步器	多极旋转变压器
直线型	长光栅、激光干涉仪	编码尺	直线感应同步器、磁栅、容栅	绝对值式磁尺

3.1 旋转编码器

排除旋转变压器的故障

旋转编码器是一种旋转式的角位移检测装置，在数控机床中得到了广泛的使用。旋转编码器通常安装在被测轴上，随被测轴一起转动，直接将被测角位移转换成数字(脉冲)信号，所以也称为旋转脉冲编码器，这种测量方式没有累积误差。旋转编码器也可用来检测转速。

3.1.1 旋转编码器的分类和结构

旋转编码器是一种旋转式脉冲发生器，其作用是把机械转角转化为脉冲，是数控机床上应用广泛的位置检测装置，同时也作为速度检测装置用于速度检测。

根据旋转编码器的结构，旋转编码器分为光电式、接触式、电磁感应式三种。从精度和可靠性方面来看，光电式编码器优于其他两种。数控机床上常用的是光电式编码器。

旋转编码器是一种增量检测装置，它的型号是由每转发出的脉冲数来区分的。数控机床上常用的旋转编码器每转的脉冲数有 2 000 p/r、2 500 p/r 和 3 000 p/r 等。在高速、高精度的数字伺服系统中，应用高分辨率的旋转编码器，如 20 000 p/r、25 000 p/r 和 30 000 p/r 等。

旋转编码器的结构如图3-1所示。在一个圆盘的圆周上刻有相等间距的线纹，分为透明和不透明部分，称为圆光栅。圆光栅和工作轴一起旋转。与圆光栅相对，平行放置一个固定的扇形薄片，称为指示光栅。上面制有相差1/4节距的两个狭缝，称为辨向狭缝。此外，还有一个零位狭缝(一转发出一个脉冲)。旋转编码器与伺服电动机相连，它的法兰盘固定在伺服电动机的端面上,构成一个完整的检测装置。

3.1.2 光电旋转编码器的工作原理

光电式旋转编码器,它由光源、聚光镜、光电盘、圆盘、光电元件和信号处理电路等组成(图3-1)。光电盘是用玻璃材料研磨抛光制成的,玻璃表面在真空中镀上一层不透光的铬,然后用照相腐蚀法在上面制成向心透光窄缝。透光窄缝在圆周上等分,其数量从几百条到几千条不等。圆盘也用玻璃材料研磨抛光制成,其透光窄缝为两条,每一条后面安装有一只光电元件。光电盘与工作轴连在一起,光电盘转动时,每转过一个缝隙就发生一次光线的明暗变化,光电元件把通过光电盘和圆盘射来的忽明忽暗的光信号转换为近似正弦波的电信号,经过整形、放大和微分处理后,输出脉冲信号。通过记录脉冲的数目,就可以测出转角。测出脉冲的变化率,即单位时间脉冲的数目,就可以求出速度。

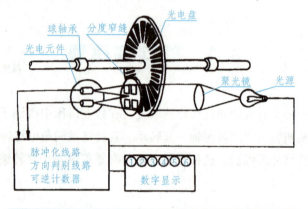

图 3-1 旋转编码器的结构

为了判断旋转方向,圆盘的两个窄缝距离彼此错开 1/4 节距,使两个光电元件输出信号相位差 90°。如图 3-2 所示,A、B 信号为具有 90° 相位差的正弦波,经放大和整形后变为方波 A_1、B_1。

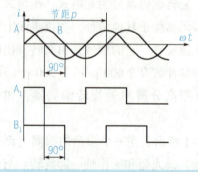

图 3-2 脉冲编码器的输出波形

3.1 旋转编码器

设 A 相比 B 相超前时为正方向旋转，则 B 相超前 A 相就是负方向旋转，利用 A 相与 B 相的相位关系可以判别旋转方向。此外，在光电盘的里圈不透光圆环上还刻有一条透光条纹，用以产生每转一个的零位脉冲信号，它是轴旋转一周在固定位置上产生一个脉冲。

旋转编码器输出信号有 A、$\overline{A}$、B、$\overline{B}$、Z、$\overline{Z}$ 等信号，这些信号作为位移测量脉冲以及经过频率/电压变换作为速度反馈信号，进行速度调节。

3.1.3 绝对式编码器

增量式编码器只能进行相对测量，一旦在测量过程中出现计数错误，在以后的测量中会出现计数误差，而绝对式编码器克服了其缺点。

绝对式编码器是一种直接编码和直接测量的检测装置，它能指示绝对位置，没有累积误差，即使电源切断后位置信息也不丢失。常用的编码器有编码盘和编码尺，统称位码盘。

从编码器使用的计数制来分类，有二进制编码、二进制循环码（葛莱码）、二—十进制码等编码器。从结构原理来分类，有接触式、光电式和电磁式等。常用的是光电式二进制循环码编码器。

图 3-3 所示为绝对式编码盘结构及工作原理。图 3-3(b) 所示为二进制码盘，图 3-3(c) 所示为葛莱码盘。码盘上有许多同心圆（码道），它代表某种计数制的一位，每个同心圆上有绝缘与导电的部分。导电部分为"1"，绝缘部分为"0"，这样就组成了不同的图案。每一径向，若干同心圆组成的图案代表了某一绝对计数值。二进制码盘的计数图案的改变按二进制规律变化。葛莱码计数图案的切换每次只改变一位，误差可以控制在一个单位内。

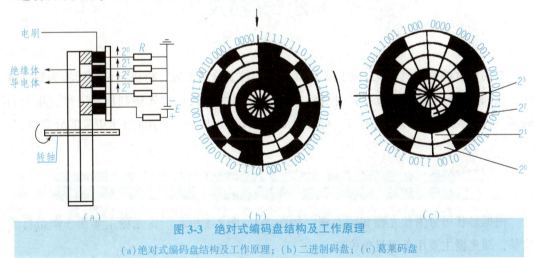

图 3-3 绝对式编码盘结构及工作原理
(a)绝对式编码盘结构及工作原理；(b)二进制码盘；(c)葛莱码盘

接触式码盘可以做到 9 位二进制，优点是结构简单、体积小、输出信号强、无须放大。缺点是由于电刷的摩擦，使用寿命低，转速不能太高。

光电式码盘没有接触磨损，寿命长、转速高、精度高。单个码盘可以做到18位进制。缺点是结构复杂、价格高。

电磁式码盘是在导磁性好的软铁等圆盘上，用腐蚀的方法做成相应码制的凹凸图形，当磁通通过码盘时，由于磁导大小不一样，其感应电压也不同，因而可以区分"0"和"1"，达到测量的目的。该种码盘也是一种无接触式码盘，寿命长、转速高。

无论是接触式码盘、光电式码盘还是电磁式码盘，当被测对象带动码盘一起转动时，每转动一转，编码器按规定的编码输出数字信号。将编码器的编码直接读出，转换成二进制信息，送入计算机处理。

由上述可知，增量式编码器每转的输出脉冲多，测量精度高，但是能够产生计数误差。绝对式编码器虽然没有计数误差，但是精度受到最低位（最外圆上）分段宽度的限制，其计数长度有限。为了得到更大的计数长度，将增量式编码器和绝对式编码器做在一起，形成混合式绝对式编码器。在圆盘的最外圆是高密度的增量条纹，中间有4个码道组成绝对式的四位葛莱码，每1/4同心圆被葛莱码分割为16等分段。圆盘最里面有一个"一转信号"的狭缝。

该码盘的工作原理是三级计数：粗、中、精计数。码盘的转速由"一转脉冲"的计数表示。在一转内的角度位置由葛莱码的不同数值表示。每1/4圆葛莱码的细分由最外圆上的增量制码完成。

3.2 光栅尺

在高精度的数控机床上，可以使用光栅作为位置检测装置，将机械位移转换为数字脉冲，反馈给CNC装置，实现闭环控制。由于激光技术的发展，光栅制作精度得到很大的提高，现在光栅精度可达微米级，再通过细分电路可以做到 $0.1~\mu m$ 甚至更高的分辨率。

3.2.1 光栅的种类

根据形状可分为长光栅和圆光栅，如图 3-4、图 3-5 所示。长光栅主要用于测量直线位移，圆光栅主要用于测量角位移。

根据光线在光栅中是反射还是透射分为透射光栅和反射光栅。透射光栅的基体为光学玻璃。光源可以垂直射入，光电元件直接接受光照，信号幅值大。光栅每毫米中的线纹多，可达 200 线/mm（0.005 mm），精度高。但是由于玻璃易碎，热膨胀系数与机床的金属部件不一致,影响精度,故不能做得太长。反射光栅的基体为不锈钢带(通过照相、腐蚀、刻线),反射光栅和机床金属部件一致,可以做得很长。但是反射光栅每毫米内的线纹不能太多,线纹密度一般为 25~50 线/mm。

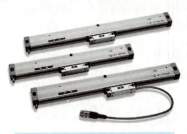

图 3-4 长光栅

图 3-5 圆光栅

3.2.2 光栅的结构和工作原理

光栅是由标尺光栅和光学读数头两部分组成的。标尺光栅一般固定在机床的活动部件上,如工作台。光栅读数头装在机床固定部件上,指示光栅装在光栅读数头中。标尺光栅和指示光栅的平行度及二者之间的间隙(0.05~0.1 mm)要严格保证。当光栅读数头相对于标尺光栅移动时,指示光栅便在标尺光栅上相对移动。

光栅尺的作用

光栅读数头又叫光电转换器,它把光栅莫尔条纹变成电信号。图 3-6 所示为垂直入射的光栅读数头。读数头由光源、透镜、指示光栅、光电元件和驱动线路等组成。

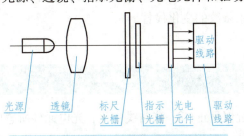

光栅尺的使用方法

图 3-6 垂直入射的光栅读数头

当指示光栅上的线纹和标尺光栅上的线纹呈一小角度 θ 放置时,造成两光栅尺上的线纹交叉。在光源的照射下,交叉点附近的小区域内黑线重叠形成明暗相间的条纹,这种条纹称为"莫尔条纹"。"莫尔条纹"与光栅的线纹几乎成垂直方向排列(图 3-7)。

莫尔条纹的特点:

(1)当用平行光束照射光栅时,莫尔条纹由亮带到暗带,再由暗带到光带透过光的强度近似于正(余)弦函数。

(2)起放大作用:用 W 表示莫尔条纹的宽度,P 表示栅距,θ 表示光栅线纹之间的夹

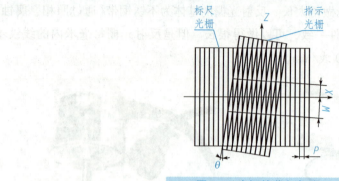

图 3-7 光栅的莫尔条纹

角，则

$$W = \frac{P}{\sin\theta} \tag{3-1}$$

由于 θ 很小，故

$$W \approx \frac{P}{\theta} \tag{3-2}$$

(3) 起平均误差作用。莫尔条纹是由若干光栅线纹干涉形成的，这样栅距之间的相邻误差被平均化了，消除了栅距不均匀造成的误差。

(4) 莫尔条纹的移动与栅距之间的移动成比例。当干涉条纹移动一个栅距时，莫尔条纹也移动一个莫尔条纹宽度 W，若光栅移动方向相反，则莫尔条纹移动的方向也相反。莫尔条纹的移动方向与光栅移动方向相垂直。这样测量光栅水平方向移动的微小距离就用检测垂直方向的宽大的莫尔条纹的变化代替。

3.2.3 直线光栅尺检测装置的辨向原理

莫尔条纹的光强度近似呈正(余)弦曲线变化，光电元件所感应的光电流变化规律近似为正(余)弦曲线。经放大、整形后，形成脉冲，可以作为计数脉冲，直接输入到计算机系统的计数器中计算脉冲数，进行显示和处理。根据脉冲的个数可以确定位移量，根据脉冲的频率可以确定位移速度。

用一个光电传感器只能进行计数，不能辨向。要进行辨向，至少要用两个光电传感器。图 3-8 所示为光栅的辨向原理。通过两个狭缝 S_1 和 S_2 的光束分别被两个光电传感器 P_1、P_2 接收。当光栅移动时，莫尔条纹通过两个狭缝的时间不同，波形相同，相位差

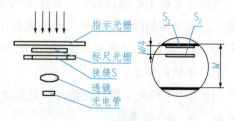

图 3-8 光栅的辨向原理

90°。至于哪个超前，决定于标尺光栅移动的方向。当标尺光栅向右移动时，莫尔条纹向上移动，缝隙 S_2 的信号输出波形超前 1/4 周期；同理，当标尺光栅向左移动，莫尔条纹向下移动，缝隙 S_1 的输出信号超前 1/4 周期。根据两狭缝输出信号的超前和滞后可以确定标尺光栅的移动方向。

3.2.4 提高光栅检测分辨精度的细分电路

为了提高光栅检测装置的精度，可以提高刻线精度和增加刻线密度。但是刻线密度大于 200 线/mm 以上的细光栅刻线制造困难，成本高。为了提高精度和降低成本，通常采用倍频的方法来提高光栅的分辨精度，图 3-9(a) 所示为采用四倍频方案的光栅检测电路的工作原理。光栅刻线密度为 50 线/mm，采用 4 个光电元件和 4 个狭缝，每隔 1/4 光栅节距产生一个脉冲，分辨精度可以提高四倍，并且可以辨向。

当指示光栅和标尺光栅相对运动时，硅光电池接收到正弦波电流信号。这些信号送到差动放大器，再通过整形，使之成为两路正弦及余弦方波，然后经过微分电路获得脉冲。由于脉冲是在方波的上升沿上产生，为了使 0°、90°、180°、270°的位置上都得到脉冲，必须把正弦和余弦方波分别反相一次，然后再微分，得到了 4 个脉冲。为了辨别正向和反向运动，可以用一些与门把 4 个方波 sin、-sin、cos 和-cos（即 A、B、C、D）和 4 个脉冲进行逻辑组合。当正向运动时，通过与门 $Y_1 \sim Y_4$ 及或门 H_1 得到 A′B+AD′+C′D+B′C 4 个脉冲的输出。当反向运动时，通过与门 $Y_5 \sim Y_8$ 及或门 H_2 得到 BC′+AB′+A′D+C′D 4 个脉冲的输出。其波形如图 3-9(b) 所示，这样虽然光栅栅距为 0.02 mm，但是经过四倍频以后，每一脉冲都相当于 5 μm，分辨精度提高了四倍。此外，也可以采用八倍频、十倍频等其他倍频电路。

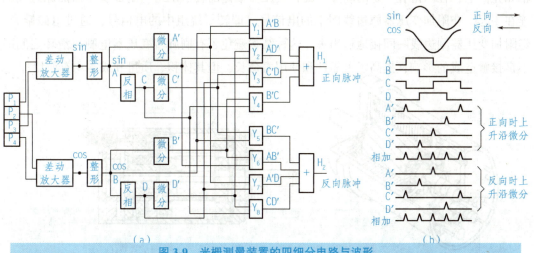

图 3-9 光栅测量装置的四细分电路与波形
(a) 四细分电路；(b) 波形图

3.3 旋转变压器和感应同步器

3.3.1 旋转变压器

旋转变压器是一种角度测量装置，它是一种小型交流电动机。其结构简单、动作灵敏、对环境无特殊要求、维护方便、输出信号幅度大、抗干扰强、工作可靠，广泛应用于数控机床上。

旋转变压器是一种常用的转角检测元件，由于它结构简单、工作可靠，且其精度能满足一般的检测要求，因此被广泛地应用在数控机床上。旋转变压器在结构上和两相线绕式异步电动机相似，由定子和转子组成。定子绕组为变压器的原边，转子绕组为变压器的副边。定子绕组通过固定在壳体上的接线柱直接引出。转子绕组有两种不同的引出方式。根据转子绕组两种不同的引出方式，旋转变压器分有刷式和无刷式两种结构。

图3-10(a)所示为有刷旋转变压器。它的转子绕组通过滑环和电刷直接引出，其特点是结构简单、体积小，但因电刷与滑环为机械滑动接触，所以可靠性差，寿命也较短。

图3-10(b)所示为无刷旋转变压器。它没有电刷和滑环，由两大部分组成：即旋转变压器本体和附加变压器。附加变压器的原、副边铁芯及其线圈均为环形，分别固定于转子轴和壳体上，径向留有一定的间隙。旋转变压器本体的转子绕组与附加变压器的原边线圈连在一起，在附加变压器原边线圈中的电信号，即转子绕组中的电信号，通过电磁耦合，经附加变压器副边线圈间接地送出去。这种结构避免了有刷旋转变压器电刷与滑环之间的不良接触造成的影响，提高了可靠性和使用寿命长，但其体积、质量和成本均有所增加。

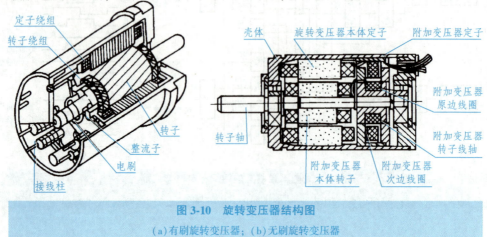

图3-10 旋转变压器结构图

(a)有刷旋转变压器；(b)无刷旋转变压器

3.3 旋转变压器和感应同步器

旋转变压器是根据互感原理工作的。它的结构保证了其定子和转子之间的磁通呈正(余)弦规律。定子绕组加上励磁电压，通过电磁耦合，转子绕组产生感应电动势。如图3-11所示，其所产生的感应电动势的大小取决于定子和转子两个绕组轴线在空间的相对位置。二者平行时，磁通几乎全部穿过转子绕组的横截面，转子绕组产生的感应电动势最大；二者垂直时，转子绕组产生的感应电动势为零。感应电动势随着转子偏转的角度呈正(余)弦变化：

$$E_2 = nU_1\cos\theta = nU_m\sin\omega t\cos\theta \tag{3-3}$$

式中　E_2——转子绕组感应电动势；

　　　U_1——定子励磁电压；

　　　U_m——定子绕组的最大瞬时电压；

　　　θ——两绕组之间的夹角；

　　　n——电磁耦合系数变压比。

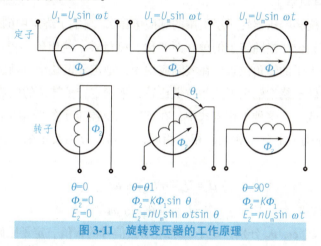

图 3-11　旋转变压器的工作原理

旋转变压器作为位置检测装置，有两种工作方式：鉴相式工作方式和鉴幅式工作方式。

鉴相式工作方式，在该工作方式下，旋转变压器定子的两相正向绕组(正弦绕组 S 和余弦绕组 C)分别加上幅值相同、频率相同，而相位相差90°的正弦交流电压，如图3-12所示。

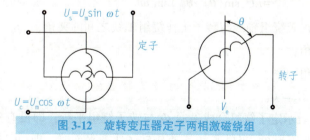

图 3-12　旋转变压器定子两相激磁绕组

即

$$U_s = U_m \sin \omega t$$
$$U_c = U_m \cos \omega t \tag{3-4}$$

这两相励磁电压在转子绕组中会产生感应电压。当转子绕组中接负载时，其绕组中会有正弦感应电流通过，从而造成定子和转子间的气隙中合成磁通畸变。为了克服该缺点，转子绕组通常是两相正向绕组，二者相互垂直。其中一个绕组作为输出信号，另一个绕组接高阻抗作为补偿。根据线性叠加原理，在转子上的工作绕组中的感应电压为

$$\begin{aligned} E_2 &= nU_s \cos\theta - nU_c \sin\theta \\ &= nU_m(\sin\omega t\cos\theta - \cos\omega t\sin\theta) \\ &= nU_m \sin(\omega t - \theta) \end{aligned} \tag{3-5}$$

式中　θ——定子正弦绕组轴线与转子工作绕组轴线之间的夹角；
　　　ω——励磁角频率。

由上式可见，旋转变压器转子绕组中的感应电压 E_2 与定子绕组中的励磁电压同频率，但是相位不同，其相位严格随转子偏角 θ 而变化。测量转子绕组输出电压的相位角 θ，即可测得转子相对于定子的转角位置。在实际应用中，把定子正弦绕组励磁的交流电压相位作为基准相位，与转子绕组输出电压相位做比较，来确定转子转角的位置。

鉴幅式工作方式，在这种工作方式中，在旋转变压器定子的两相正向绕组（正弦绕组 S 和余弦绕组 C）分别加上频率相同、相位相同，而幅值分别按正弦、余弦变化的交流电压。即

$$U_s = U_m \sin\theta_{电} \sin\omega t$$
$$U_c = U_m \cos\theta_{电} \sin\omega t \tag{3-6}$$

式中，$U_m \sin\theta_{电}$、$U_m \cos\theta_{电}$ 分别为定子二绕组励磁信号的幅值。定子励磁电压在转子中感应出的电势不但与转子和定子的相对位置有关，还与励磁的幅值有关。

根据线性叠加原理，在转子上的工作绕组中的感应电压为

$$\begin{aligned} E_2 &= nU_s\cos\theta_{机} - nU_c\sin\theta_{机} \\ &= nU_m\sin\omega t(\sin\theta_{电}\cos\theta_{机} - \cos\theta_{电}\sin\theta_{机}) \\ &= nU_m\sin(\theta_{电} - \theta_{机})\sin\omega t \end{aligned} \tag{3-7}$$

式中　$\theta_{机}$——定子正弦绕组轴线与转子工作绕组轴线之间的夹角；
　　　$\theta_{电}$——电气角；
　　　ω——励磁角频率。

若 $\theta_{机} = \theta_{电}$，则 $E_2 = 0$。

当 $\theta_{机} = \theta_{电}$ 时，表示定子绕组合成磁通 Φ 与转子绕组平行，即没有磁力线穿过转子绕组线圈，因此感应电压为 0。当磁通 Φ 垂直于转子线圈平面时，即（$\theta_{机} - \theta_{电} = \pm 90°$）时，转子绕组中感应电压最大。在实际应用中，根据转子误差电压的大小，不断修正定子励磁信号 $\theta_{电}$（即励磁幅值），使其跟踪 $\theta_{机}$ 的变化。

由式（3-1）可知，感应电压 E_2 是以 ω 为角频率的交变信号，其幅值为 $U_m\sin(\theta_{机} - \theta_{电})$。

若电气角 $\theta_电$ 已知，那么只要测出 E_2 的幅值，便可以间接地求出 $\theta_机$ 的值，即可测出被测角位移的大小。当感应电压的幅值为 0 时，说明电气角的大小就是被测角位移的大小。旋转变压器在鉴幅工作方式时，不断调整 $\theta_电$，让感应电压的幅值为 0，用 $\theta_电$ 代替对 $\theta_机$ 的测量，$\theta_电$ 可通过具体电子线路测得。

3.3.2 感应同步器

感应同步器是一种电磁感应式的高精度位移检测装置，实际上它是多级旋转变压器的展开形式。感应同步器分旋转式和直线式两种。旋转式用于角度测量，直线式用于长度测量，两者的工作原理相同。

感应同步器

直线感应同步器由定尺和滑尺两部分组成。定尺与滑尺之间有均匀的气隙，在定尺表面制有连续平面绕组，绕组节距为 P。滑尺表面制有两段分段绕组，正弦绕组和余弦绕组，它们相对于定尺绕组在空间错开 1/4 节距（1/4P）。定尺和滑尺绕组的结构如图 3-13 所示。

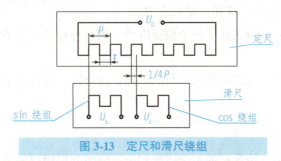

图 3-13 定尺和滑尺绕组

定尺和滑尺的基板采用与机床床身材料热膨胀系数相近的钢板制成。经精密的照相腐蚀工艺制成印刷绕组，再在尺子的表面上涂一层保护层。滑尺的表面有时还贴上一层带绝缘的铝箔，以防静电感应。

感应同步器的特点：

（1）精度高。感应同步器直接对机床工作台的位移进行测量，其测量精度只受本身精度限制。另外，定尺的节距误差有平均补偿作用，定尺本身的精度能做得很高，其精度可以达到±0.001 mm，重复精度可达 0.002 mm。

（2）工作可靠，抗干扰能力强。在感应同步器绕组的每个周期内，测量信号与绝对位置有一一对应的单值关系，不受干扰的影响。

（3）维护简单，寿命长。定尺和滑尺之间无接触磨损，在机床上安装简单。使用时需要加防护罩，防止切屑进入定尺和滑尺之间划伤导片以及免受灰尘、油雾的影响。

（4）测量距离长。可以根据测量长度需要，将多块定尺拼接成所需要的长度，就可测量长距离位移，机床移动基本上不受限制，适合于大、中型数控机床。

(5) 成本低，易于生产。

(6) 与旋转变压器相比，感应同步器的输出信号比较微弱，需要一个放大倍数很高的前置放大器。

感应同步器的工作原理与旋转变压器基本一致。使用时，在滑尺绕组通以一定频率的交流电压，由于电磁感应，在定尺绕组中产生了感应电压，其幅值与相位决定于定尺和滑尺的相对位置。图 3-14 所示为滑尺在不同的位置时定尺上的感应电压。当定尺与滑尺重合时，如图 3-14 中的 a 点，此时的感应电压最大。当滑尺相对于定尺平行移动后，其感应电压逐渐变小。在错开 1/4 节距的 b 点，感应电压为零。依次类推，在 1/2 节距的 c 点，感应电压幅值与 a 点相同，极性相反；在 3/4 节距的 d 点又变为零。当移动到一个节距的 e 点时，电压幅值与 a 点相同。这样，滑尺在移动一个节距的过程中，感应电压变化了一个余弦波形。滑尺每移动一个节距，感应电压就变化一个周期。

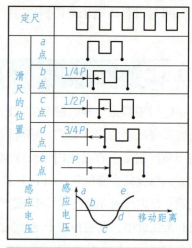

图 3-14 感应同步器的工作原理

按照供给滑尺两个正交绕组励磁信号的不同，感应同步器的测量方式分为鉴相式和鉴幅式两种工作方式。

1. 鉴相方式

在这种工作方式下，给滑尺的正弦绕组和余弦绕组分别通以幅值相等、频率相同、相位相差 90° 的交流电压：

$$U_s = U_m \sin \omega t$$
$$U_c = U_m \cos \omega t \tag{3-8}$$

励磁信号将在空间产生一个以 ω 为频率移动的行波。磁场切割定尺导片，并产生感应电压，该电势随着定尺与滑尺相对位置的不同而产生超前或滞后的相位差 θ。根据线性叠加原理，在定尺上工作绕组中的感应电压为

$$\begin{aligned} U_0 &= nU_s \cos\theta - nU_c \sin\theta \\ &= nU_m(\sin\omega t\cos\theta - \cos\omega t\sin\theta) \\ &= nU_m \sin(\omega t - \theta) \end{aligned} \tag{3-9}$$

式中　ω——励磁角频率；

　　　n——电磁耦合系数；

　　　θ——滑尺绕组相对于定尺绕组的空间相位角，$\theta = \dfrac{2\pi x}{P}$。

可见，在一个节距内 θ 与 x 是一一对应的，通过测量定尺感应电压的相位 θ，可以测

量定尺对滑尺的位移 x。数控机床的闭环系统采用鉴相系统时，指令信号的相位角 θ_1 由数控装置发出，由 θ 和 θ_1 的差值控制数控机床的伺服驱动机构。若定尺和滑尺之间产生了相对运动，则定尺上的感应电压的相位发生了变化，其值为 θ。当 $\theta \neq \theta_1$ 时，使机床伺服系统带动机床工作台移动。当滑尺与定尺的相对位置达到指令要求值时，即 $\theta = \theta_1$，工作台停止移动。

2. 鉴幅方式

给滑尺的正弦绕组和余弦绕组分别通以频率相同、相位相同、幅值不同的交流电压：

$$U_s = U_m \sin \theta_{电} \sin \omega t$$
$$U_c = U_m \cos \theta_{电} \sin \omega t \tag{3-10}$$

若滑尺相对于定尺移动一个距离 x，其对应的相移为 $\theta_{机}$，$\theta_{机} = \dfrac{2\pi x}{P}$。

根据线性叠加原理，在定尺上工作绕组中的感应电压为

$$\begin{aligned}U_0 &= n U_s \cos \theta_{机} - n U_c \sin \theta_{机} \\&= n U_m \sin \omega t (\sin \theta_{电} \cos \theta_{机} - \cos \theta_{电} \sin \theta_{机}) \\&= n U_m \sin(\theta_{机} - \theta_{电}) \sin \omega t\end{aligned} \tag{3-11}$$

由以上可知，若电气角 $\theta_{电}$ 已知，只要测出 U_0 的幅值 $n U_m \sin(\theta_{机} - \theta_{电})$，便可以间接地求出 $\theta_{机}$。若 $\theta_{电} = \theta_{机}$，则 $U_0 = 0$，说明电气角 $\theta_{电}$ 的大小就是被测角位移 $\theta_{机}$ 的大小。采用鉴幅工作方式时，不断调整 $\theta_{电}$，让感应电压的幅值为 0，用 $\theta_{电}$ 代替对 $\theta_{机}$ 的测量，$\theta_{电}$ 可通过具体电子线路测得。

定尺上的感应电压的幅值随指令给定的位移量 $x_1(\theta_{电})$ 与工作台的实际位移 $x(\theta_{机})$ 的差值按正弦规律变化。鉴幅型系统用于数控机床闭环系统中，当工作台未达到指令要求值时，即 $x \neq x_1$，定尺上的感应电压 $U_0 \neq 0$。该电压经过检波放大后控制伺服执行机构带动机床工作台移动。当工作台移动到 $x = x_1(\theta_{电} = \theta_{机})$ 时，定尺上的感应电压 $U_0 = 0$，工作台停止运动。

3.4 磁　　栅

3.4.1 磁栅的结构

磁栅又叫磁尺，是一种高精度的位置检测装置，它由磁性标尺、拾磁磁头和检测电路组成，是根据拾磁原理进行工作的。首先，用录磁磁头将一定波长的方波或正弦波信号录制在

磁性标尺上作为测量基准，检测时根据与磁性标尺有相对位移的拾磁磁头所拾取的信号，对位移进行检测。磁栅可用于长度和角度的测量，精度高、安装调整方便，对使用环境要求较低，如对周围电磁场的抗干扰能力较强，在油污和粉尘较多的场合使用有较好的稳定性。高精度的磁栅位置检测装置可用于各种精密机床和数控机床。其结构如图 3-15 所示。

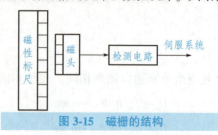

图 3-15　磁栅的结构

磁性标尺分为磁性标尺基体和磁性膜。磁性标尺的基体由非导磁性材料（如玻璃、不锈钢、铜等）制成。磁性膜是一层硬磁性材料（如 Ni-Co-P 或 Fe-Co 合金），涂敷、化学沉积或电镀在磁性标尺上，呈薄膜状。磁性膜的厚度为 10~20 μm，均匀地分布在基体上。磁性膜上有录制好的磁波，波长一般为 0.005 mm、0.01 mm、0.2 mm、1 mm 等几种。为了提高磁性标尺的寿命，一般在磁性膜上均匀涂一层 1~2 μm 的耐磨塑料保护层。

按磁性标尺基体的形状，磁栅可以分为平面实体型磁栅、带状磁栅、线状磁栅和回转型磁栅。前三种磁栅用于直线位移的测量，后一种用于角度测量。磁栅长度一般小于 600 mm，测量长距离可以用几根磁栅接长使用。

拾磁磁头是一种磁电转换器件，它将磁性标尺上的磁信号检测出来，并转换成电信号。普通录音机上的磁头输出电压幅值与磁通的变化率成正比，属于速度响应型磁头。而由于数控机床上在运动和静止时都要进行位置检测，因此应用在磁栅上的磁头是磁通响应型磁头。它不仅在磁头与磁性标尺之间有一定相对速度时能拾取信号，而且在它们相对静止时也能拾取信号。磁通响应型磁头如图 3-16 所示。该磁头有两组绕组，绕在磁路截面尺寸较小的横臂上的激磁绕组和绕在磁路截面较大的

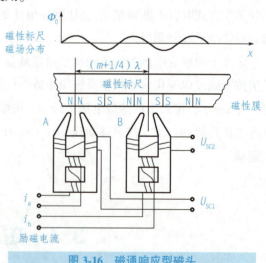

图 3-16　磁通响应型磁头

竖杆上的拾磁绕组。当对激磁绕组施加励磁电流 $i_\alpha = i_0 \sin\omega_0 t$ 时，当 i_α 的瞬时值大于某一数值以后，横臂上的铁芯材料饱和，这时磁阻很大，磁路被阻断，磁性标尺的磁通 Φ_0 不能通过磁头闭合，输出线圈不与 Φ_0 交链。当在 i_α 的瞬时值小于某一数值时，i_α 所产生的磁通 Φ_1 也随之降低。两横臂中磁阻也降低到很小，磁路开通，Φ_0 与输出线圈交链。由此可见，励磁线圈的作用相当于磁开关。

3.4.2 磁栅的工作原理

励磁电流在一个周期内两次过零、两次出现峰值，相应的磁开关通断各两次。磁路由通到断的时间内，输出线圈中交链磁通量由 $\Phi_0 \to 0$；磁路由断到通的时间内，输出线圈中交链磁通量由 $0 \to \Phi_0$。Φ_0 是由磁性标尺中的磁信号决定的，由此可见，输出线圈输出的是一个调幅信号：

$$U_{sc} = U_m \cos\left(\frac{2\pi x}{\lambda}\right) \sin \omega t \tag{3-12}$$

式中　U_{sc}——输出线圈中输出感应电压；

　　　U_m——输出电势的峰值；

　　　λ——磁性标尺节距；

　　　x——选定某一 N 极作为位移零点，x 为磁头对磁性标尺的位移量；

　　　ω——输出线圈感应电压的幅值，它比励磁电流 i_α 的频率 ω_0 高一倍。

由上可见，磁头输出信号的幅值是位移 x 的函数。只要测出 U_{sc} 过 0 的次数，就可以知道 x 的大小。

使用单个磁头的输出信号小，而且对磁性标尺上的磁化信号的节距和波形要求也比较高。实际使用时，将几十个磁头用一定的方式串联，构成多间隙磁头使用。

为了辨别磁头的移动方向，通常采用间距为 $(m + 1/4)\lambda$ 的两组磁头（$\lambda = 1$，2，3，…），并使两组磁头的励磁电流相位相差 45°，这样两组磁头输出的电势信号相位相差 90°。

第一组磁头输出信号如果是

$$U_{sc1} = U_m \cos\left(\frac{2\pi x}{\lambda}\right) \sin \omega t \tag{3-13}$$

则第二组磁头输出信号是

$$U_{sc2} = U_m \sin\left(\frac{2\pi x}{\lambda}\right) \sin \omega t \tag{3-14}$$

磁栅检测是模拟量测量，必须和检测电路配合才能进行检测。磁栅的检测电路包括：磁头激磁电路，拾取信号放大、滤波及辨向电路，细分内插电路，显示及控制电路等各部分。

根据检测方法的不同，也可分为幅值检测和相位检测两种，通常相位测量应用较多。

3.5 典型传感器的类型与选用

编码器以检测原理来分,有光学式解码器、磁式解码器、感应式解码器和电容式解码器。

编码器以测量方式来分,有直线型编码器(光栅尺、磁栅尺)和旋转型编码器。

编码器以信号原理(刻度方法及信号输出形式)来分,有增量型编码器、绝对型编码器和混合式编码器三种。

思考与练习

(1) 位置检测装置的特点有哪些?
(2) 位置检测装置的分类有哪些? 典型元件有哪些?
(3) 光电编码器的工作原理和特点是什么?
(4) 光栅有哪些组成? 各有何特点?
(5) 莫尔条纹的特点有哪些?
(6) 旋转变压器有哪些工作原理和特点?
(7) 感应同步器的工作原理和特点是什么?
(8) 磁栅有哪些组成? 各有什么特点?
(9) 磁栅的工作原理是什么?
(10) 光栅的特点和使用的环境是什么?

第 4 章 数控机床伺服驱动系统

大国工匠——管延安

学习目标

1. 知识目标

(1) 掌握伺服驱动系统的概念和要求；
(2) 掌握伺服驱动系统的组成、分类和工作原理；
(3) 了解常用的进给和主轴驱动用的伺服电动机。

2. 能力目标

(1) 能对步进驱动、直流伺服驱动和交流伺服驱动装置的特点、应用场合和控制原理有所区分和了解；
(2) 能对直流和交流主轴驱动的特点、应用场合和控制原理有所区分和了解；
(3) 能根据实际要求选用合适的驱动器。

3. 素养目标

(1) 通过对伺服驱动的学习，培养学生认真、严谨的工作作风和职业道德；
(2) 提高学生的专业认同感和民族自豪感，宣扬工匠精神。

4.1 数控机床伺服驱动系统的概念

4.1.1 伺服驱动系统的概念

数控机床伺服驱动系统是以机械位移为直接控制目标的自动控制系统，也可称为位置随动系统，简称为伺服系统。数控机床伺服驱动系统主要有两种：一种是进给伺服系统，它控制机床坐标轴的切削进给运动，以直线运动为主；另一种是主轴伺服系统，它控制主轴的切削运动，以旋转运动为主。

CNC 装置是数控机床发布命令的"大脑"，而伺服驱动则为数控机床的"四肢"，是一种执行机构，它能够准确地执行来自 CNC 装置的运动指令。驱动装置由驱动部件和速度控制单元组成。驱动部件由交流或直流电动机、位置检测元件(例如旋转变压器、感应同步器、光栅等)及相关的机械传动和运动部件(滚珠丝杠副、齿轮副及工作台等)组成。

驱动系统的作用可归纳如下：

(1) 放大 CNC 装置的控制信号，具有功率输出的能力。

(2) 根据 CNC 装置发出的控制信号对机床移动部件的位置和速度进行控制。

数控机床的伺服驱动系统作为一种实现切削刀具与工件间运动的进给驱动和执行机构，是数控机床的一个重要组成部分，它在很大程度上决定了数控机床的性能，如数控机床的最高移动速度、跟踪精度、定位精度等一系列重要指标均取决于伺服驱动系统性能的优劣。因此，随着数控机床的发展，研究和开发高性能的伺服驱动系统，一直是现代数控机床研究的关键技术之一。

4.1.2 对伺服驱动系统的要求

1. 调速范围要宽

调速范围 R_n 是指机械装置要求电动机能提供的最高转速 n_{max} 和最低转速 n_{min} 之比，调速范围 $R_n = n_{max}/n_{min}$，n_{max} 和 n_{min} 一般是指额定负载时的转速，对于少数负载很轻的机械，也可以是实际负载时的转速。在各种数控机床中，由于加工用刀具、被加工材料、主轴转速以及零件加工工艺要求的不同，为保证在任何情况下都能得到最佳切削条件，就要求进给驱动系统必须具有足够宽的无级调速范围(通常大于 1∶10 000)，不仅要满足低速切削进给的要求，如 5 mm/min，还要能满足高速进给的要求，如 10 000 mm/min。尤其在低速(如<0.1 r/min)时，要仍能平滑运动而无爬行现象。脉冲当量为 1 μm/脉冲情况下，最先进的数控机床的进给速度从 0~240 m/min 连续可调。但对于一般的数控机床，要求进给驱动系统在 0~24 m/min 进给速度下工作就足够了。

2. 定位精度要高

伺服系统的定位精度是指输出量能复现输入量的精确程度。使用数控机床主要是为了保证加工质量的稳定性、一致性，减少废品率；解决复杂曲面零件的加工问题；解决复杂零件的加工精度问题，缩短制造周期等。数控机床是按预定的程序自动进行加工的，避免了操作者的人为误差，但是，它不可能应付事先没有预料到的情况。就是说，数控机床不能像普通机床那样，可随时用手动操作来调整和补偿各种因素对加工精度的影响。因此，要求进给驱动系统具有较好的静态特性和较高的刚度，从而达到较高的定位精度，以保证机床具有较小的定位误差与重复定位误差(目前进给伺服系统的分辨率可达 1 μm 或 0.1 μm，甚至 0.01 μm)；同时进给驱动系统还要具有较好的动态性能，以保证机床具有较高的轮廓跟随精度。伺服系统的位移精度是指指令脉冲要求机床工作台进给的位移量和该指令脉冲经伺服系统转化为工作台实际位移量之间的符合程度。两者误差越小，伺服系统的位移精度越高。通常,插补器或计算机的插补软件每发出一个进给脉冲指令,伺服系统将其转化为一个相应的机床工作台位移量,我们称此位移量为机床的脉冲当量。一般机床的脉冲当量为 0.01~0.005 mm 脉冲,高精度的 CNC 机床其脉冲当量可达 0.001 mm 脉冲。脉冲当量越小,机床的位移精度越高。

3. 动态响应快,无超调

为了提高生产率和保证加工质量,除了要求有较高的定位精度外,还要求有良好的快速响应特性,即要求跟踪指令信号的响应要快。一方面,在启动、制动时,要求加、减加速度足够大,以缩短进给系统的过渡过程时间,减小轮廓过渡误差。一般电动机的速度从零变到最高转速,或从最高转速降至零的时间在 200 ms 以内,甚至小于几十毫秒。这就要求进给系统要快速响应,但又不能超调,否则将形成过切,影响加工质量;另一方面,当负载突变时,要求速度的恢复时间也要短,且不能有振荡,这样才能得到光滑的加工表面。要求进给电动机必须具有较小的转动惯量和大的制动转矩,以及尽可能小的机电时间常数和启动电压。电动机具有 4 000 r/s^2 以上的加速度。

4. 低速大转矩,过载能力强

数控机床要求进给驱动系统有非常宽的调速范围,例如在加工曲线和曲面时,拐角位置某轴的速度会逐渐降至零。这就要求进给驱动系统在低速时保持恒力矩输出,无爬行现象,并且具有长时间内较强的过载能力和频繁的启动、反转、制动能力。一般,伺服驱动器具有数分钟甚至半小时内 1.5 倍以上的过载能力,在短时间内可以过载 4~6 倍而不损坏。

5. 可靠性高

数控机床特别是自动生产线上的设备,要求具有长时间连续稳定工作的能力,同时数控机床的维护、维修也较复杂,因此,要求数控机床的进给驱动系统可靠性高、工作稳定性好,具有较强的温度、湿度、振动等环境适应能力,以及很强的抗干扰的能力。

4.1.3 伺服驱动系统的组成

开环控制不需要位置检测及反馈,闭环控制需要位置检测及反馈。位置控制的职能是精确地控制机床运动部件的坐标位置,快速而准确地跟踪指令运动。一般开环伺服驱动系统由驱动控制单元、执行元件和机床组成,闭环驱动系统主要由以下几个部分组成。

1. 驱动装置

驱动电路接收 CNC 发出的指令,并将输入信号转换成电压信号,经过功率放大后,驱动电动机旋转,转速的大小由指令控制。若要实现恒速控制功能,驱动电路应能接收速度反馈信号,将反馈信号与微机的输入信号进行比较,将差值信号作为控制信号,使电动机保持恒速转动。

2. 执行元件

执行元件可以是步进电动机、直流电动机，也可以是交流电动机。采用步进电动机通常是开环控制。

3. 传动机构

传动机构包括减速装置和滚珠丝杠等，如图 4-1 所示。若采用直线电动机作为执行元件，则传动机构与执行元件为一体，如图 4-2 所示。

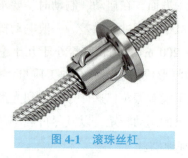

图 4-1　滚珠丝杠

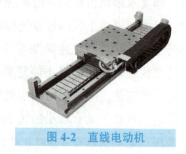

图 4-2　直线电动机

4. 检测元件及反馈电路

包括速度反馈和位置反馈，有旋转变压器、光电编码器、光栅等。用于速度反馈的检测元件一般安装在电动机上，用于位置反馈的检测元件则根据闭环的方式不同而安装在电动机或机床上；在半闭环控制时速度反馈和位置反馈的检测元件一般共用电动机上的光电编码器，对于全闭环控制则分别采用各自独立的检测元件。

4.1.4　伺服驱动系统的分类

（1）按驱动方式分类可分为液压伺服系统、气压伺服系统和电气伺服系统。

（2）按执行元件的类别分类可分为直流电动机伺服系统、交流电动机伺服系统和步进电动机伺服系统。

（3）按有无检测元件和反馈环节分类可分为开环伺服系统、闭环伺服系统和半闭环伺服系统。

（4）按输出被控制量的性质分类可分为位置伺服系统、速度伺服系统。

4.1.5　伺服驱动系统的工作原理

伺服驱动系统分为开环和闭环控制两类，开环控制与闭环控制的主要区别为是否采用了位置和速度检测反馈元件组成了反馈系统。开环控制结构简单、精度低。闭环控制精度高，但

伺服驱动系统的工作原理

4.1 数控机床伺服驱动系统的概念

构成较复杂，是进给驱动系统的主要形式。

1. 开环控制进给驱动系统

无位置反馈装置的伺服进给系统称为开环控制系统。采用步进电动机（包括电液脉冲马达）作为伺服驱动元件，是其最明显的特点，如图 4-3 所示。在开环控制系统中，数控装置输出的脉冲，经过步进驱动器的环形分配器或脉冲分配软件的处理，在驱动电路中进行功率放大后控制步进电动机，最终控制了步进电动机的角位移，步进电动机的旋转速度取决于指令脉冲的频率，转角的大小则取决于脉冲数目。步进电动机再经过减速装置（或直接连接）带动了丝杠旋转，通过丝杠将角位移转换为移动部件的直线位移。

由于系统中没有位置和速度反馈控制回路，工作台是否移动到位，取决于步进电动机的步距角精度、齿轮传动间隙、丝杠螺母副精度等，因此，开环系统的精度较差，但由于其结构简单、易于调整，故在精度不高的场合仍得到广泛应用。

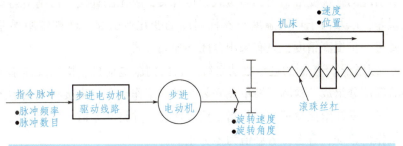

图 4-3 开环控制的进给驱动系统

2. 闭环控制进给驱动系统

闭环控制一般采用伺服电动机作为驱动元件，根据位置检测元件所处在数控机床不同的位置，它可以分为半闭环、全闭环和混合闭环三种。半闭环控制一般将检测元件安装在伺服电动机的非输出轴端，伺服电动机角位移通过滚珠丝杠等机械传动机构转换为数控机床工作台的直线或角位移。全闭环控制是将位置检测元件安装在机床工作台或某些部件上，以获取工作台的实际位移量。混合闭环控制则采用半闭环控制和全闭环控制结合的方式。图 4-4 所示为半闭环控制的进给驱动系统。

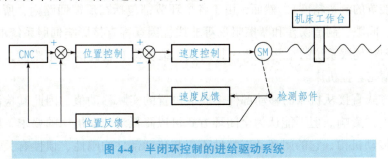

图 4-4 半闭环控制的进给驱动系统

半闭环位置检测方式一般将位置检测元件安装在电动机的轴上，用以精确控制电动机的角度，然后通过滚珠丝杠等传动机构，将角度转换成工作台的直线位移，如果滚珠丝杠的精度足够高、间隙小，精度要求一般可以得到满足。由于这种系统抛开了机械传动系统的刚度、间隙、制造误差和摩擦阻尼等非线性因素，所以调试比较容易，稳定性好。尽管这种系统不反映反馈回路之外的误差，但由于采用高分辨率的检测元件，故也可以获得比较满意的精度。传动链上有规律的误差（如间隙及螺距误差）可以由数控装置加以补偿，因而可进一步提高精度，因此在精度要求适中的中、小型数控机床上半闭环控制得到了广泛的应用。

半闭环方式的优点是闭环环路短（不包括传动机械），因而系统容易达到较高的位置增益，不发生振荡现象。它的快速性也好，动态精度高，传动机构的非线性因素对系统的影响小。但如果传动机构的误差过大或误差不稳定，则数控系统难以补偿。例如由传动机构的扭曲变形所引起的弹性变形，因其与负载力矩有关，故无法补偿。由制造与安装所引起的重复定位误差，以及由于环境温度与丝杠温度的变化所引起的丝杠螺距误差也不能补偿。因此，要进一步提高精度，只有采用全闭环控制方式。

图 4-5 所示为全闭环控制的进给驱动系统。它由伺服电动机、检测反馈单元、驱动线路、比较环节等部分组成。检测反馈单元安装在机床工作台上，直接将测量的工作台位移量转换成电信号，反馈给比较环节，与指令信号比较，并将其差值经伺服放大，控制伺服电动机带动工作台移动，直至二者差值为零为止。

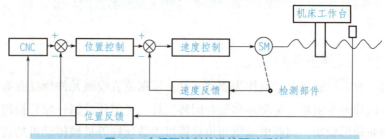

图 4-5　全闭环控制的进给驱动系统

全闭环伺服系统消除了进给传动系统的全部误差，所以精度很高（从理论上讲，精度取决于检测装置的测量精度）。然而，由于各个环节都包括在反馈回路内，所以机械传动系统的刚度、间隙、制造误差和摩擦阻尼等非线性因素都直接影响伺服系统的调制参数。由此可见，闭环伺服系统的结构复杂，其调试、维护都有较高的技术难度，价格也较昂贵，常用于精密数控机床。

全闭环方式直接从机床的移动部件上获取位置的实际移动值，因此其检测精度不受机械传动精度的影响。但不能认为全闭环方式可以降低对传动机构的要求。因闭环环路包括了机械传动机构，它的闭环动态特性不仅与传动部件的刚性、惯性有关，而且还取决于阻尼、油的黏度、滑动面摩擦系数等因素。这些因素对动态特性的影响在不同条件下还会发生变化，这给位置闭环控制的调整和稳定带来了困难，导致调整闭环环路时必须要降低位置增益,从而对跟随误差与轮廓加工误差产生了不利影响。所以采用全闭环方式时必须增大机床的刚性,改善滑动面的摩擦特性,减小传动间隙,这样才有可能提高位置增益。

图 4-6 所示为混合闭环控制的进给驱动系统。混合闭环方式采用半闭环与全闭环结合的方式。它利用了半闭环所能达到的高位置增益,从而获得了较高的速度与良好的动态特性。它又利用全闭环补偿半闭环无法修正的传动误差,从而提高了系统的精度。混合闭环方式适用于重型、超重型数控机床,因为这些机床的移动部件很重,故设计时提高刚性较困难。

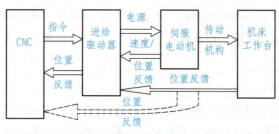

图 4-6 混合闭环控制的进给驱动系统

4.1.6 伺服驱动系统电动机类型

1. 进给驱动用的伺服电动机

(1) 改进型直流电动机。

这种电动机在结构上与传统的直流电动机没有区别,只是其转动惯量较小、过载能力较强,且具有较好的换向性能。它的静态特性和动态特性方面较普通直流电动机有所改进。在早期的数控机床上多用这种电动机。

(2) 小惯量直流电动机。

这类电动机又分无槽圆柱体电枢结构和带印制绕组的盘形结构两种。因为小惯量直流电动机最大限度地减少电枢的转动惯量,所以获得了较好的快速性。在早期的数控机床上应用这类电动机也较多。为了获得电动机的大角加速度,无论是小惯量直流电动机还是改进型的直流电动机,都设计成具有高的额定转速和低的惯量。因此,一般都要经过中间的机械传动(如齿轮减速器)才能与丝杠相连接。

(3) 步进电动机。

由于步进电动机制造容易,它所组成的开环进给驱动装置也比较简单易调,在 20 世纪 60 年代至 70 年代初,这种电动机在数控机床上曾风行一时。但到现在,除经济型数控机床外,一般数控机床已不再使用。另外,在某些机床上也有用作补偿刀具磨损运动以及精密角位移的驱动。

(4) 永磁直流伺服电动机。

由于永磁直流伺服电动机能在较大过载转矩下长期工作且电动机的转子惯量较大,因此,它能直接与丝杠相连而不需要中间传动装置,而且因为无励磁回路损耗,所以它的外形尺寸比励磁式直流电动机小。它还有一个特点是可在低速下运行,如能在 1 r/min 甚至在 0.1 r/min 下平稳运转。因此,这种电动机获得广泛的应用,从 20 世纪 70 年代到 80 年代中期,在数控机床的进给驱动装置中,它占据着绝对的优势地位。至今,许多数控机床上仍使用永磁直流伺服电动机。

(5) 无刷直流电动机。

无刷直流电动机也叫无换向器直流电动机,是由同步电动机和逆变器组成的,而逆变器是由装在转子中的转子传感器控制的。因此,它实质上是交流调速电动机的一种。由于这种电动机的性能达到直流电动机的水平,又取消了换向器和电刷部件,故使电动机的寿命大约提高了一个数量级。

(6) 交流进给电动机。

自 20 世纪 80 年代中期开始,以异步电动机和永磁同步电动机为基础的交流进给驱动电动机得到了迅速的发展,已经形成了趋势,是数控机床进给驱动的一个方向。某些国家生产的数控机床已全部采用交流进给电动机。

我国到目前为止,大量的普通机床仍在生产第一线发挥主要作用,为了满足生产技术日益发展的需要,必须对普通机床进行数控化改造,改造的主要形式是采用步进电动机开环伺服驱动系统。因此,由步进电动机构成的开环控制系统在一个相当长的时间内都是人们应首先关注的伺服驱动系统。

2. 主轴驱动电动机

数控机床主轴驱动可采用直流电动机,也可采用交流电动机。与进给驱动不同的是,主轴驱动电动机的功率要求更大,对转速要求更高,但对调速性能的要求却远不如进给驱动那样高。因此在主轴调速控制中,除采用调压调速外,还采用了弱磁升速的方法,进一步提高其最高转速。在主轴驱动中,直流电动机已逐渐被淘汰,目前均使用交流电动机。由于受永磁体的限制,交流同步电动机的功率不易做得很大,因此,目前在数控机床的主轴驱动中,均采用笼型感应电动机。

4.2 数控机床的进给驱动系统

数控系统所发出的控制指令是通过进给驱动系统驱动机械执行部件,最终实现机床精确的进给运动。数控机床的进给驱动系统是一种位置随动与定位系统,它的作用是快速、准确地执行由数控系统发出的运动命令,精确地控制机床进给传动链的坐标运动。

4.2 数控机床的进给驱动系统

数控机床的进给系统是数控装置和机床机械传动部件间的联系环节，它包含机械、电子及电动机等各种部件，并涉及强电与弱电控制，是一个比较复杂的控制系统。

数控机床进给伺服系统的高性能在很大程度上决定了数控机床的高效率、高精度和高柔性，因此数控机床对进给伺服系统的位置控制、速度控制及伺服电动机等方面都有很高的要求。

进给驱动系统的控制电动机一般采用步进电动机、直流伺服电动机、交流伺服电动机作为动力装置。

4.2.1 步进电动机驱动的进给系统

步进伺服系统是一种用脉冲信号进行控制，并将脉冲信号转换成相应的角位移的控制系统。对步进电动机施加一个电脉冲信号时，它就旋转一个固定的角度，称为一步，每一步所转过的角度叫作步距角。常用步进电动机的步距角有 0.36°/0.72°，0.75°/1.5°，0.9°/1.8°等，斜线前面的角度表示半步距角度，斜线后面的角度表示全步距角度。步进电动机的角位移量和输入脉冲的个数严格地成正比，在时间上与输入脉冲同步。转速与脉冲频率成正比，通过改变脉冲频率可调节电动机的转速。因此，只需控制输入脉冲的数量、频率及电动机绕组通电相序，便可获得所需要的转角、转速及旋转方向。没有脉冲输入时，在绕组电源激励下，气隙磁场能使转子保持原有位置而处于定位状态。由于步进电动机所用电源是脉冲电源，所以也称为脉冲马达。

1. 步进电动机的分类

（1）按步进电动机输出转矩的大小，可分为快速步进电动机和功率步进电动机。快速步进电动机连续工作频率高，而输出转矩小，只有百分之几至十分之几 N·m，只能驱动较小的负载，要与液压扭矩放大器配用，才能驱动数控机床工作台等较大的负载。功率步进电动机的输出转矩比较大，一般在 5~50 N·m，可以直接驱动数控机床工作台等较大的负载。数控机床一般采用功率步进电动机。

（2）按转矩产生的工作原理步进电动机分为可变磁阻式、永磁式和混合式三种基本类型。可变磁阻式步进电动机又称为反应式步进电动机，它的工作原理：由改变电动机的定子和转子的软钢齿之间的电磁引力来改变定子和转子的相对位置，这种电动机结构简单、步距角小。永磁式步进电动机的转子铁芯上装有多条永久磁铁，转子的转动与定位是由定、转子之间的电磁引力与磁铁磁力共同作用的。与反应式步进电动机相比，相同体积的永磁式步进电动机转矩大，步距角也大。混合式步进电动机结合了反应式步进电动机和永磁式步进电动机的优点，采用永久磁铁提高电动机的转矩，采用细密的极齿来减小步距角，是目前数控机床上应用最多的步进电动机。

（3）按励磁组数可分为两相、三相、四相、五相、六相甚至八相步进电动机。

（4）由电流的极性可分为单极性和双极性步进电动机。

（5）由运动的形式可分为旋转、直线、平面步进电动机。

2. 步进电动机工作原理及特性

(1) 步进电动机的组成和工作原理。

步进电动机主要由转子和定子组成，其中转子上有绕组，根据绕组的数量分为二相、三相和五相等步进电动机。各绕组按一定的顺序通以直流电，则电动机按预定的方向旋转。转子和定上均布有齿，绕组中的电流每变化一个周期，转子和定子的相对位置变化一个齿。

步进电动机工作原理及特性

以三相反应式步进电动机为例，按控制其绕组通电的方式，可分为三相三拍（通电顺序为 A，B，C，A…）和三相六拍（通电顺序为 A，AB，B，BC，C，CA，A…）两种。若定子齿数为 24，则每一拍电动机转过的角度（步距角）为

$$\beta = \frac{360°}{mZ_2} = \frac{360°}{3 \times 24} = 5°（三相三拍）或 \beta = \frac{360°}{mZ_2} = \frac{360°}{6 \times 24} = 2.5°（三相六拍）$$

式中　β——步距角；

　　　Z_2——转子齿数；

　　　m——周期的拍数。

实际使用的步进电动机，一般都要求有较小的步距角。因此步距角越小，它所达到的位置精度越高。步进电动机转速计算公式为

$$n = \frac{\theta}{360} \times 60f = \frac{\theta f}{6}$$

式中　n——转速（r/min）；

　　　f——控制脉冲频率，即每秒输入步进电动机的脉冲数；

　　　θ——用度数表示的步距角。

图 4-7 所示为两相混合式步进电动机结构。其定子与反应式步进电动机的相似，均布 8 个磁极，A_1、A_2、A_3、A_4 为 A 相，B_1、B_2、B_3、B_4 为 B 相。同相磁极的线圈串联构成一相控制绕组，并使 A_1、A_3 与 A_2、A_4 极性相反，B_1、B_3 与 B_2、B_4 极性相反。每个定子磁极上均有三个齿，齿间夹角 12°。转子上没有绕组，均布 30 个齿，齿间夹角也为 12°，转子铁芯分成两段，中间夹有环形永磁体，充磁方向为轴向。两段转子铁芯长度相同，它们的相对位置沿圆周方向相互错开 1/2 齿距（6°），即两段铁芯的齿与槽相对。

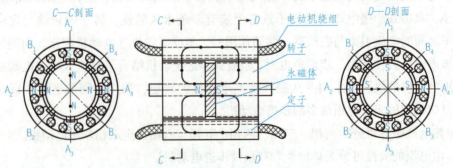

图 4-7　两相混合式步进电动机结构

若以转子左段铁芯作参考,当 A_1、A_3 极上的齿与转子齿对齐时,则有 A_2、A_4 极上的齿与转子槽相对,B_1、B_3 极上的齿沿顺时针方向超前转子齿 1/4 齿距,B_2、B_4 极上的齿沿顺时针方向超前转子齿 3/4 齿距;在转子右段铁芯,则 A_1、A_3 极上的齿与转子槽相对,A_2、A_4 极上的齿与转子齿对齐,B_1、B_3 极上的齿沿顺时针方向超前转子 3/4 齿距,B_2、B_4 极上的齿沿顺时针方向超前转子齿 1/4 齿距,如图 4-8 所示。

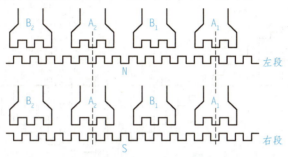

图 4-8 磁极上的齿与左、右段转子齿的相对位置

由于永磁体的作用,左段转子齿为 N 极性,右段转子齿为 S 极性。若 A 相通以正向电流,假定 A_1、A_3 极为 S 极性,A_2、A_4 极为 N 极性,则 A_1、A_3 极的齿与左段转子齿相吸引,A_2、A_4 极的齿与左段转子齿相排斥,同理,A_1、A_3 极的齿与右段转子齿相斥,而 A_2、A_4 极的齿与右段转子齿相吸引,最后转子停留在左段转子齿与 A_1、A_3 极的齿相对齐的位置上。磁路的走向如图 4-7 中箭头所示的方向,即从永磁体 N 极出发,沿轴向穿过转子左段,径向从转子齿经气隙至右段转子齿,沿右段转至轴向至永磁体的 S 极。若 B 相能通以正向电流,断开 A 相,B_1、B_3 极为 S 极性,B_2、B_4 极为 N 极性,此时 B_1、B_3 极的定子齿与左段转子齿相吸引,B_2、B_4 极的定子齿与左段转子齿相排斥,转子将沿顺时针方向转过 1/4 齿距(即 3°);依次断开 B 相,A 相通以负电流,A_2、A_4 极为 S 极性,A_1、A_3 极为 N 极性,转子将顺时针方向转过 1/4 齿距,停留在 A_2、A_4 磁极的定子齿与左段转子齿对齐的位置;再断开 A 相,B 相通以负电流,B_2、B_4 为 S 极性,B_1、B_3 为 N 极性,转子将顺时针方向转过 1/4 齿距,达到 B_2、B_4 极的定子齿与左段转子齿对齐的位置。若以 +A →-B → -A → +B → +A 电流顺序通电,步进电动机将变成逆时针方向旋转。上述步进电动机的通电循环周期为 4 拍,故可获得步距角为

$$\beta = \frac{360°}{mZ_2} = \frac{360°}{4 \times 30} = 3°$$

式中 β——步距角;

Z_2——转子齿数;

m——周期的拍数。

以 B+A→+A+B→-A+B→-A-B→-B+A(4 拍通电方式)或 B+A→+A→+A+B→+B→-A+B→-A→-A-B→-B→-B+A(8 拍通电方式)的通电方式均可使混合式步进电动机正确运行,只是在性能上有所不同。

若 A、B 两相电流按如图 4-9 所示,分成 40 等份的余弦函数和正弦函数采样点给定 A 相和 B 相电流,即一个电流周期的循环拍数将成为 40,故步进电动机的步距角为

$$\beta = \frac{360°}{mZ_2} = \frac{360°}{40 \times 30} = 0.3°$$

这种以改变步进电动机电流波形,获得更小步距角的方法,称为步距角细分。

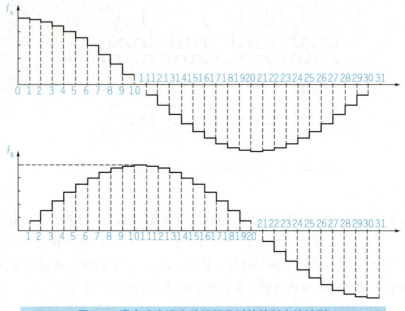

图 4-9 混合式步进电动机细分时的控制电流波形

改变上述两相电流的采样点数,可以在一个驱动器上实现多种细分数,即获得多种不同的步距角。

在三相、五相步进电动机中,定子极数随之增加,相应地增加了通电循环的拍数,在一定的转子齿数下,可获得更小的步距角。其结构原理与二相步进电动机相似。

因为混合式的步进电动机转子上有永磁钢,所以产生同样大小的转矩,需要的励磁电流大大减小。它的励磁绕组只需要单一电源供电,不像反应式需要高、低压电源。同时,它还具有步距角小、启动和运行频率较高及不通电时有定位转矩等优点,所以现在已在数控机床、计算机外围设备等领域内得到日益广泛的应用。

(2) 步进电动机的主要特性。

1) 步距角的步距误差。

步进电动机每走一步,转子实际的角位移与设计的步距角存在步距误差。连续走若干步以后,上述步距误差形成累积值,因为转子转过一圈后,回至上一转的稳定位置,所以步进电动机步距的误差不会无限累积,在一转的范围内存在一个最大累积误差。步进电动机的步距角累积误差将以一圈为周期重复出现,转一周的累积误差为零。步距误差和累积误差通常用度、分或者步距角百分比表示。通常步进电动机的静态步距误差在 10′ 以内。

影响步距误差的主要因素有转子齿的分度精度、定子磁极与齿的分度精度；铁芯叠压及装配精度；气隙的不均匀程度；各相激磁电流的不对称度。

2) 静态矩角特性。

所谓静态是指通过步进电动机的直流电为常数，转子不产生步进运动时的工作状态。步进电动机某相通以直流电流时，空载下该相对应的定、转子齿对齐，这时转子输出转矩为零。如果在电动机轴上外加一顺时针方向的负载转矩 M_L，步进电动机转子则按顺时针方向转过一个小角度 θ，并重新稳定，这时转子电磁转矩 M_m 和负载转矩 W_L 相等，称 M_m 为静态转矩，称 θ 角度为失调角。描述步进电动机稳态时，电磁转矩 M_m 与失调角 θ 之间的曲线称为矩角特性或静转矩特性。

3) 启动惯频特性。

在负载转矩 $M_L=0$ 的条件下，步进电动机由静止状态突然启动，并进入不失步的正常运行状态所允许的最高启动频率，称为启动频率或突跳频率，它是衡量步进电动机快速性能的重要数据。如果加给步进电动机的指令脉冲大于启动频率，步进电动机就不能够正常工作。启动频率不仅与电动机本身的参数(包括最大静态转矩、步距角及转子惯量等)有关，而且还与负载转矩有关。步进电动机在带负载(尤其是惯性负载)下的启动频率比空载时要低，且随着负载的加重，启动频率会进一步降低。

启动时的惯频特性是指电动机带动纯惯性负载时突跳频率和负载转动惯量之间的关系。图 4-10 所示为启动惯频特性。一般来说，随着负载惯量的增加，启动频率下降。若同时存在负载转矩 M_L，则启动频率将进一步降低。在实际应用中，由于 M_L 的存在，可采用的启动频率要比惯频特性还要低。

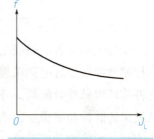

图 4-10 启动惯频特性

4) 连续运行频率。

步进电动机启动后，其运行速度能跟踪指令脉冲频率连续工作而不失步的最高频率，称为连续运行频率或最高工作频率。转动惯量主要影响运行频率连续升降的速度，而步进电动机的绕组电感和驱动电源的电压对运行频率高低影响很大。在实际应用中，由于启动频率比运行频率低得多，故通常采用自动升降频的方式，先在低频下使步进电动机启动，然后逐渐升至运行频率。当需要步进电动机停转时，先将脉冲信号的频率逐渐降低至启动频率以下，再停止输入脉冲，步进电动机才能不失步地准确停止。

5) 矩频特性。

矩频特性是描述步进电动机在负载惯量一定且稳态运行时的最大输出转矩与脉冲重复频率的关系曲线，如图 4-11 所示。步进电动机的最大输出转矩随脉冲重复频率的升高而下降，这是因为步进电动机的绕组是感性负载，在绕组通电时，电流上升减缓，使有效转矩变小。绕组断电时，电流逐渐下降，产生与转动方向相反的转矩，使输出转矩变小。随着脉冲重复频率的升高，电流波形的前后沿占通电时间的比例越来越大，输出转矩也就越来越小。当驱动脉冲频率高到一定的程度,步进电动机的输出转矩已不足以克服自身的摩擦转矩和负载转矩时,步进电动机的转子会在原位置振荡而不能做旋转运动,称作电动机产生堵转或失步现象。步进电动机的绕组电感和驱动电源的电压对矩频特性影响很大,低电感或高电压,将获得下降缓慢的矩频特性。

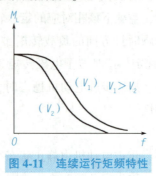

图 4-11 连续运行矩频特性

由图还可以看出,在低频区矩频曲线比较平坦,电动机保持额定转矩;在高频区,矩频曲线急剧下降,这表明步进电动机的高频特性差。因此,步进电动机作为进给运动控制,从静止状态到高速旋转需要有一个加速过程。同样,步进电动机从高速旋转状态到静止也要有一个减速过程。没有加速过程或者加减速不当,步进电动机会出现失步现象。

3. 步进电动机驱动器的控制原理

步进电动机各励磁绕组是按一定节拍,依次轮流通电工作的,为此,需将 CNC 发出的控制脉冲按步进电动机规定的通电顺序分配到定子各励磁绕组中。完成脉冲分配的功能元件称环形脉冲分配器。环形脉冲分配可由硬件实现,也可以用软件完成;环形脉冲分配器发出的脉冲功率很小,不能直接驱动步进电动机,必须经驱动电路将信号电流放大到若干安培,才能驱动电动机。因此,步进电动机驱动器通常由环形脉冲分配器及功率放大器组成,加到环形脉冲分配器输入端的指令脉冲是 CNC 插补器输出的分配脉冲,经过加减速控制,使脉冲频率平滑上升或下降,以适应步进电动机的驱动特性。环形脉冲分配器将脉冲信号按一定顺序分配,然后送到驱动电路中进行功率放大,驱动步进电动机工作。

环形分配器的功能可以由硬件完成(如 D 触发器组成的电路),也可由软件(如 PLC)完成,将每相绕组的控制信号定义为输出,其状态输出可以用逻辑表达式或查表等方式来实现,比逻辑电路要简单得多。

功率放大器的作用是将环形分配器输出的通电状态信号经过若干级功率放大,控制步进电动机各相绕组电流按一定顺序切换。晶体管、场效应管、晶闸管、IGBT 等功率开关器件都可用作步进电动机的功率放大器。

4.2.2 直流伺服进给驱动

由于数控机床对伺服驱动装置有较高的要求,而直流电动机具有良好的调速特性,为一般交流电动机所不及，因此，数控机床半闭环、闭环控制伺服驱动均采用直流伺服电动机。虽然当前交流伺服电动机已逐渐取代直流伺服电动机，但由于历史的原因，直流伺服电动机仍被采用，并且已用于数控机床的大量直流伺服驱动还需要维护，因此了解直流伺服驱动装置仍是很必要的。

1. 直流电动机的工作原理

图 4-12 所示为直流电动机结构，图 4-13 所示为直流电动机工作原理，N 极与 S 极为电动机定子，其为永久磁铁或激励绕组所形成的磁极，在 A、B 两电刷间加直流电压时，电流便从 B 刷流入，从 A 刷流出。由于两电刷把 N 极和 S 极下的元件连接成两条并联支路，故不论转子如何转动，由于电刷的机械换向作用，N 极和 S 极下导体的电流方向都是不变的。由图 4-12 可见，N 极下有效导体中的电流由纸面指向读者，S 极下有效导体中的电流由读者指向纸面。

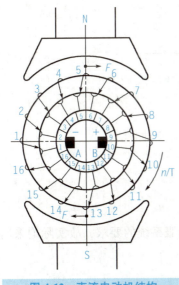

图 4-12　直流电动机结构

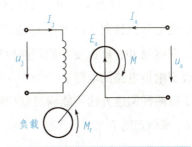

图 4-13　直流电动机工作原理

根据物理学中的理论，通电导体在磁场中受到电磁力，电磁力的方向由左手定则确定，直流电动机存在两组基本的关系

$$I_a R_a + E_a = U_a$$

$$M - M_f = \frac{J \mathrm{d}n}{\mathrm{d}t}$$

式中　　R_a——电枢电阻；

　　　　I_a——电枢电流；

　　　　E_a——电枢的反电动势，$E_a = C_e \Phi n$；

　　　　C_e——反电势常数；

　　　　Φ——电动机磁通量；

　　　　n——电动机转速；

M——电动机电磁力矩，$M = C_M \Phi I_a$；
M_f、J——负载力矩和惯量；
C_M——力矩常数。

根据上式可得出直流电动机的机械特性公式

$$n = \frac{U_a}{C_e \Phi} - \frac{MR_a}{C_e C_M \Phi^2}$$

该机械特性公式对应的机械特性曲线如图 4-14 所示，可见当电动机所加电压一定时，随着负载力矩 M 的增大，转速有一定降落，在伺服装置中，由于有转速反馈回路，因此这一降落可以得到克服。

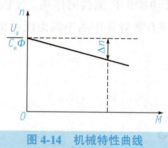

图 4-14 机械特性曲线

由公式 $n = (U_a - I_a R_a)/C_e \Phi$ 可以看到，调速可以有三种方法。
①改变电动机控制电压 U_a，即改变电枢电压。
②改变磁通 Φ，即改变励磁回路电流 I_j。
③改变电枢电路的电阻。

由于后两种调速方法不能满足数控机床对进给伺服系统的要求，故实际均采用改变电枢电压 U_a 来调速的方法。

2. 永磁直流伺服电动机

实际上大量采用的是永磁直流伺服电动机，其定子磁极是一个永磁体，采用的是新型的稀土钴等永磁材料，具有极大的矫顽力和很高的磁能积，因此抗去磁能力大为提高，体积大为缩小。在电枢方面，可以分为小惯量与大惯量两大类。

小惯量电动机的主要特征是电动机转子的惯量小，因此响应快，机电时间常数可以小于 10 ms，与普通直流电动机相比，转矩与惯量之比要大 40~50 倍，且调速范围广、运转平稳，适用于频繁启动与制动、要求有快速响应（如数控钻床、冲床等点定位）的场合。但由于其过载能力低，并且其自身惯量比机床相应运动部件的惯量小，因此限制了它的广泛使用。

宽调速直流伺服电动机又称大惯量电动机，是 20 世纪 60 年代末 70 年代初在小惯量电动机和力矩电动机的基础上发展起来的，能较好地满足进给驱动要求，很快得到了广泛使用。其具有下述优点。

(1) 能承受的峰值电流和过载能力高(能产生额定力矩 10 倍的瞬时转矩),以满足数控机床对其加减速的要求。

(2) 具有大的转矩/惯量比,快速性好。由于电动机自身惯量大,外部负载惯量相对来说较小,提高了抗机械干扰的能力,因此伺服系统的调整与负载几乎无关,大大方便了机床制造厂的安装调试工作。

(3) 低速时输出的转矩大。这种电动机能与丝杠直接相连,省去了齿轮等传动机构,提高了机床的进给传动精度。

(4) 调速范围大。与高性能伺服单元组成速度控制装置时,调速范围为 1∶1 000。

(5) 转子热容量大。电动机的过载性能好,一般能过载运行几十分钟。

由于伺服系统的要求,永磁直流伺服电动机的性能已不能简单地用电压、电流、转速等参数来描述,而需要用一些特性曲线和参数来全面描述。如图 4-13 所示,以一直流伺服电动机为例,简要介绍特性曲线和相关参数。

特性曲线主要有两种。

(1) 转矩—速度特性曲线,又叫工作曲线,如图 4-15 所示,图中伺服电动机的工作区域有三个:Ⅰ区域为连续工作区,在该区域里转速和转矩的任意组合,都可长期连续工作;Ⅱ区域为间断工作区,此时电动机可根据负载周期曲线所决定的允许工作时间与断电时间做间歇工作;Ⅲ区域为加减速区,电动机只能在加减速时工作于该区,即只能在该区域中工作极短的一段时间。

(2) 负载周期曲线。其描述了电动机过载运行的允许时间,如图 4-16 所示,图中给出了在满足负载所需转矩,而又确保电动机不过热的情况下允许电动机的工作时间。

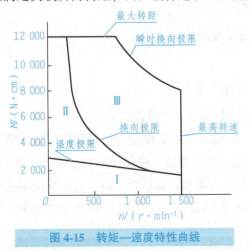

图 4-15 转矩—速度特性曲线

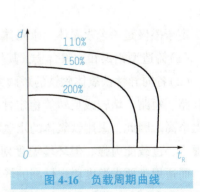

图 4-16 负载周期曲线

负载周期曲线的使用方法如下。

根据实际负载转矩,求出电动机过载倍数 T_{md}。

在负载周期曲线的水平轴上找到实际所需工作时间 t_R,并从该点向上作垂线,与所要

求的 T_{md} 的那条曲线相交。再以该交点作水平线，与纵轴的交点即为允许的负载周期比

$$d = t_R / (t_R + t_F)$$

式中　t_R——电动机工作时间；

　　　t_F——电动机断电时间。

最短断电时间 $t_F = t_R \left(\dfrac{1}{d} - 1 \right)$。

3. 永磁直流伺服电动机的结构

永磁直流电动机可分为驱动用永磁直流电动机和永磁直流伺服电动机两大类。驱动用永磁直流电动机通常指不带稳速装置，没有伺服要求的电动机；而永磁直流伺服电动机除具有驱动用永磁直流电动机的性能外，还具有一定的伺服特性和快速响应能力，在结构上往往与反馈部件做成一体。当然，永磁直流伺服电动机也可作为驱动用电动机。因为永磁直流伺服电动机允许有宽的调速围，所以也称宽调速直流电动机，其结构如图 4-17 所示。电动机本体由三部分组成：机壳、定子磁极和转子电枢。反馈用的检测部件有高精度的测速机、旋转变压器以及脉冲编码器等，安装在电动机的尾部。

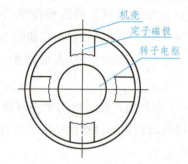

图 4-17　永磁直流伺服电动机结构

定子磁极是一个永磁体，永磁体材料有下述三类。

(1) 铸造型铝镍和钼镍合金，其价格昂贵，性能差，过载能力低。

(2) 各向异性铁氧体磁铁的矫顽力很高，有很强的抗去磁能力；磁铁装配后不需要进行开路、短路、堵转或反转等稳定性处理；原料价格便宜，铁氧体的密度很小，重量轻，电阻率高。因此，采用铁氧体的永磁电动机不但成本低、重量轻，而且电枢反应的去磁作用很小，过载能力强。但环境温度对磁性能的影响较大，不适用于环境温度变化大的场合，而适用于要求温度稳定性高的场合。

(3) 稀土钴永磁合金具有极大的矫顽力，是铁氧体的 2~3 倍，具有很高的最大磁能积，是铁氧体的 10 倍。因此，采用稀土钴合金的永磁电动机具有很高的去磁能力，尤其适用于瞬时短路、堵转和突然反转等运行状态。用稀土钴合金制造的永磁电动机的体积可以大大缩小。稀土钴是一种极有前途的永磁材料，由于它的原料贵重，制造工艺复杂，因而影响了它的大量推广应用。

电枢结构在电枢方面，可以分为普通型和小惯量型两大类。小惯量型电枢又可分为空心杯形电枢、无槽电枢和印刷绕组电枢三类。空心杯形电枢的主要特点是电枢由漆包线编织成杯形，用环氧树脂将其固化成一整体，且无铁芯。因此，这种电动机特别轻巧、惯量极小、电枢绕组电感很小、电气时间常数小，重复启、停频率可达 200 Hz 以上。其缺点是气隙较大，单位体积的输出功率较小，且电枢结构复杂、工艺难度大。无槽电枢的电枢铁芯上没有槽，为一光滑的由硅钢片叠成的圆柱体，用漆包线在其表面编织成包子形的绕组。由于电枢上无槽，所以气隙磁密度高，且无齿槽效应，使电动机运转平稳、噪声小。印制绕组电枢，因电枢圆盘很轻，故惯量很小，由于电枢无铁芯，铁耗很小，电气时间常数和机械时间常数均很小，很适合于低速和频繁启动及反转的场合。上述三种小惯量型电枢的共同特点是电枢惯量小，适合于要求快速响应的伺服系统。因此，在早期的数控机床上得到应用。但由于过载能力低，电枢惯量与机械传动系统匹配较差，因此近期在数控机床上多采用普通型的有槽电枢。普通型有槽电枢的结构与一般的直流电动机电枢相同，只是电枢铁芯上的槽数较多，采用斜槽，即将铁芯叠片扭转一个齿距，且在一个槽内分几个虚槽，以减小转矩的波动。

4. 直流伺服驱动装置

目前，直流伺服驱动装置均采用晶闸管（俗称可控硅 SCR）调速系统或晶体管脉宽（即 PWM）调速系统。

晶闸管调速系统中，多采用三相全控桥式整流电路作为直流速度控制单元的主回路，通过对 12 个晶闸管触发角的控制，达到控制电动机电枢电压的目的。而脉宽调速系统是利用脉宽调制器对大功率晶体管的开关时间进行控制，将直流电压转换成某一频率的方波电压，加到电动机电枢的两端，通过对方波脉冲宽度的控制，改变电枢两端的平均电压，从而达到控制电枢电流，进而控制电动机转速的目的。

晶体管脉宽调速系统与晶闸管控制方式相比具有以下主要优点：

(1) 避开与机械的共振。PWM 调速系统的开关工作频率高（约为 2 kHz），远高于转子所能跟随的频率，也避开了机械共振区。

(2) 电枢电流脉动小。由于 PWM 调速系统的开关频率高，仅靠电枢绕组的电感滤波即可获得脉动很小的电枢电流，因此低速工作十分平滑、稳定，调速比可做得很大，如 1∶10 000 或更高。

(3) 动态特性好。PWM 调速系统不像 SCR 调速系统有固有的延时时间，其反应速度很快，具有很宽的频带。因此，它具有极快的定位速度和很高的定位精度，抗负载扰动的能力强。

由于晶体管脉宽调速系统上述明显的优点，因而在直流驱动装置上被大量采用。其主要的缺点是，不能承受高的过载电流，功率还不能做得很大。目前，在中、小功率的伺服驱动装置中，大多采用性能优异的晶体管脉宽调速系统，而在大功率场合中，则采用晶闸管调速系统。

不论上述哪种调速系统，其控制调节器的原理均是一样，如图 4-18 所示。

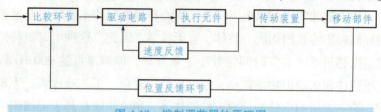

图 4-18　控制调节器的原理图

理论与实践均证明，这是一种有效的、性能优异的闭环控制系统，目前的直流调速系统均采用这种控制方案。其特点是通过电流互感器或采样电阻获得电枢电流的实际值，构成电流反馈回路，再通过与电动机同轴安装的测速发电动机获得电动机的实际转速，从而构成速度反馈回路，其速度调节器 ST 与电流调节器 LT 均采用 PID 调节器。因为系统是由电流、速度两个反馈回路组成，所以称为双环系统。

在实际的速度控制单元中，为了保证其安全可靠地工作，都具有多种自动保护电路，一般常具有以下报警保护措施。

(1) 一般过载保护通过在主回路中串联热继电器，在电动机、伺服变压器、散热片内埋入能对温度检测的热控开关来进行过载保护。

(2) 过电流保护包括当 $|I|>I_{max}$ 时产生的报警，或当电流的平均值大于 I_{max} 时产生的报警。

(3) 失控保护。失控是指电动机在正常运转时，速度反馈突然消失（如测速发电动机断线），使得电动机转速突然急骤上升，即所谓"飞车"。这时对人身和设备都是危险的。失控保护一般通过监测测速的发电动机电压和电枢电压来实现。

4.2.3　交流伺服电动机驱动的进给系统

交流伺服驱动因其无刷、响应快、过载能力强等优点，已全面替代了直流驱动。

交流伺服电动机可依据电动机运行原理的不同，分为永磁同步式、永磁直流无刷式、感应（或称异步）式、磁阻同步式交流伺服电动机。这些电动机具有相同的三相绕组的定子结构。

感应式交流伺服电动机其转子电流由滑差电势产生，并与磁场相互作用产生转矩，其主要优点是无刷，结构坚固，造价低，免维护，对环境要求低，其主磁通用激磁电流产生，很容易实现弱磁控制，高转速可以达到 4～5 倍的额定转速；缺点是需要激磁电流，内功率因数低，效率较低，转子散热困难，要求较大的伺服驱动器容量，电动机的电磁关系复杂，要实现电动机的磁通与转矩的控制比较困难，电动机非线性参数的变化影响控制精度，必须进行参数在线辨识才能达到较好的控制效果。

永磁同步交流伺服电动机气隙磁场由稀土永磁体产生，转矩控制由调节电枢的电流实现,转矩的控制较感应电动机简单,并且能达到较高的控制精度;转子无铜损耗、铁损耗,效率高,内功率因数高,也具有无刷免维护的特点,体积和惯量小,快速性好;在控制上需要轴位置传感器,以便识别气隙磁场的位置;价格较感应电动机贵。

无刷直流伺服电动机其结构与永磁同步伺服电动机相同,借助较简单的位置传感器(如霍耳磁敏开关)的信号,控制电枢绕组的换向,控制最为简单;由于每个绕组的换向都需要一套功率开关电路,电枢绕组的数目通常只采用三相,相当于只有三个换向片的直流电动机,因此运行时电动机的脉动转矩大,造成速度的脉动,需要采用速度闭环才能运行于较低转速,该电动机的气隙磁通为方波分布,可降低电动机制造成本。有时常将无刷直流伺服系统电动机与同步交流伺服电动机混为一谈,外表上很难区分,实际上两者的控制性能是有较大差别的。

磁阻同步交流伺服电动机转子磁路具有不对称的磁阻特性,无永磁体或绕组,也不产生损耗;其气隙磁场由定子电流的激磁分量产生,定子电流的转矩分量则产生电磁转矩;内功率因数较低,要求较大的伺服驱动器容量,也具有无刷、免维护的特点;克服了永磁同步电动机弱磁控制效果差的缺点,可实现弱磁控制,速度控制范围可达到 0.1 ~ 10 000 r/min,也兼有永磁同步电动机控制简单的优点,需要轴位置传感器,价格较永磁同步电动机便宜,但体积较大些。

目前,应用较为广泛的交流伺服电动机是以永磁同步式为主,永磁无刷直流式为辅,因此在本节中将以永磁同步式交流伺服电动机为中心,介绍其工作原理。

1. 永磁直流无刷伺服电动机的工作原理

三相永磁直流无刷伺服电动机工作原理如图 4-19 所示,它是由一台三相永磁步进电动机、功率逻辑开关单元和转子位置传感器组成。位置传感器采用一只光电器件 VP_1、VP_2、VP_3 均匀分布,相差 120°,电动机轴上的旋转遮光板,使从光源射来的光线依次照射在各个光电器件上。由于此时光电器件 VP_1 被照射,从而使功率晶体管 V_1 呈导通状态,电流流入 A 相绕组,该绕组电流产生定子磁势 F_s 与转子磁势 F_r,磁势作用后产生的转矩使转子顺时针方向转动,如图 4-20(a) 所示。当转子磁极转到图 4-20(b) 所示的位置时,转子轴上的旋转遮光板遮住 VP_1 而使 VP_2 受光照射,从而使晶体管 V_1 截止、晶体管 V_2 导通,电流流入绕组 B,使得转子磁极继续顺时针方向转动。当转子磁极转至图 4-20(c) 所示的位置时,旋转遮光板遮住 VP_2,使 VP_3 被光照射,导致晶体管 V_2 截止、晶体管 V_3 导通,因而电流流入绕组 C,于是驱动转子继续顺时针方向旋转,并重新回到图 4-20(a) 所示位置,VP_3 被遮住,VP_1 被照射,导致晶体管 V_3 截止、晶体管

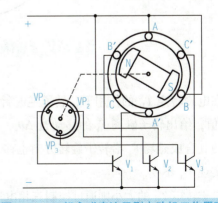

图 4-19 三相永磁直流无刷电动机工作原理

V_1 导通，开始新一轮的通电循环，转子便能顺时针地继续旋转。

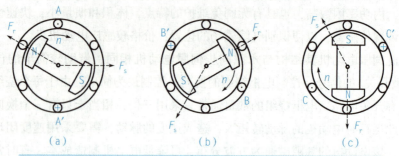

图 4-20　开关顺序及定子磁场旋转示意图

2. 永磁同步式交流伺服电动机的工作原理

交流伺服电动机则因永磁同步电动机具有响应快、控制简单而被广泛地应用。永磁同步式交流伺服电动机的定子绕组对称Y接的三相绕组，当通以对称三相电流时，定子的合成磁场 F_s 为一旋转磁场，其幅值不变，空间的相位角与电流某时刻的相位角有关。例如，当 A 相电流达到正最大值时，F_s 的相位角与 A 相绕组轴线重合，如图 4-21 所示。若电流相序为 A-B-C 时，F_s 磁场将以逆时针方向旋转。电动机的转子由稀土永磁材料制成，产生转子磁场 F_r，F_s 和 F_r 相互作用产生电磁转矩，其方向趋于使 F_s 与 F_r 重合，即产生逆时针方向的转矩 T_M，若 $\theta_{sr}=\dfrac{\pi}{2}$，则转矩正比于 $F_s F_r$ 的乘积。

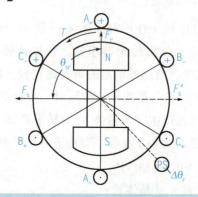

图 4-21　交流伺服电动机的工作原理图

在电磁转矩 T_M 的作用下，转子逆时针方向转动，由驱动控制器读取转子位置传感器 PS 的值，给出转子磁场 F_r 的移动量 $\Delta\theta_r$，用以控制定子三相电流值，即改变三相电流相位，使其合成磁场 F_s 沿转子旋转方向也移动相同的角度，即 $\Delta\theta_s=\Delta\theta_r$，以保持 $\theta_{sr}=\pi/2$ 不变，实现 T_M 不变。

电磁转矩 T_M 的大小则通过控制三相电流的幅值 I_M 来实现，即控制 F_s 的大小。当需要转子反方向旋转时，改变三相电流的方向，使其合成磁场 F_s 改变 180°，成为 F_s'，电磁转矩

T_M 也改变了方向,对转子起制动作用,当速度达到零后,转子将反方向加速至运行转速。

在这种控制方式下,永磁同步交流伺服电动机运行于自同步状态,称为磁场定向控制或矢量控制。

4.3 数控机床的主轴驱动系统

数控机床的主轴驱动系统

数控机床主轴驱动可采用直流电动机,也可采用交流电动机。与进给驱动不同的是主轴电动机的功率要求更大,对转速要求更高,但对调速性能的要求却远不如进给驱动那样高。因此在主轴调速控制中,除采用调压调速外,还采用了弱磁升速的方法,进一步提高其最高转速。

4.3.1 直流主轴驱动

1. 对主轴驱动的要求

随着数控机床的不断发展,传统的主轴驱动方式已不能满足要求,现代数控机床对主轴传动提出了更高的要求。

(1)数控机床主轴传动要有较宽的调速范围,以保证加工时选用合理的切削用量,从而获得最佳的生产率、加工精度和表面质量。特别对于具有多工序自动换刀的数控机床——加工中心,为适应各种刀具、工序和材料的要求,对主轴的调速范围要求更高。

(2)数控机床主轴的变速是依指令自动进行的,要求能在较宽的转速范围内进行无级调速,并减少中间传递环节,简化主轴箱。

(3)要求主轴在整个速度范围内均能提供切削所需的功率,并尽可能在全速度范围内提供主轴电动机的最大功率,即恒功率范围要宽。由于主轴电动机在低速段均为恒转矩输出,为满足数控机床低速强力切削的需要,常采用分段无级变速的方法,即在低速段采用机械减速装置,以提高输出转矩。

(4)要求主轴在正、反向转动时均可进行自动加减速控制,要求有四象限的驱动能力,并且加减速时间短。

(5)为满足加工中心自动换刀(ATC)以及某些加工工艺(例如精镗孔时退刀、刀具通过小孔镗大孔等)的需要,要求主轴具有高精度的准停控制。

(6)在车削中心上,还要求主轴具有旋转进给轴(C轴)的控制功能。主轴变速分为有级变速、无级变速以及分段无级变速三种形式,其中有级变速仅用于经济型数控床上,大多数数控机床均采用无级变速或分段无级变速的方法。为满足上述要求,早期数控机床多采用直流主轴驱动系统，但由于直流电动机使用机械换向器，故其使用和维护都较麻烦，并且恒功率调速范围较小。进入 20 世纪 80 年代后，随着微处理器技术、控制理论和大功率半导体技术的发展，交流驱动系统进入实用化阶段，现在绝大多数数控机床均采用笼型感应交流电动机配置矢量变换变频调速系统的主轴驱动系统，这是因为，一方面由于笼型感应交流电动机不像直流电动机那样在高速、大功率方面受到限制，另一方面交流主轴驱动的性能已达到直流驱动系统的水平，甚至在噪声方面还有所降低。但是，在现有的数控机床上，直流主轴驱动也应用得较多。

2. 直流主轴电动机

（1）直流主轴电动机结构特点。

为了满足上述数控机床对主轴驱动的要求，主轴电动机必须具备下述性能。

直接电动机的工作原理

直流电动机的结构

① 电动机的输出功率要大。
② 在大的调速范围内速度应该稳定。
③ 在断续负载下电动机转速波动小。
④ 加速和减速时间短。
⑤ 电动机温升低。
⑥ 振动、噪声小。
⑦ 电动机可靠性高、寿命长，容易维修。
⑧ 体积小、重量轻，与机械连接容易。
⑨ 电动机过载能力强。

直流主轴电动机的结构与永磁式直流伺服电动机的结构不同。因为要求主轴电动机输出很大的功率，所以在结构上不能做成永磁式，而是与普通的直流电动机相同，也是由定子和转子两部分组成。其转子与直流伺服电动机的转子相同，由电枢绕组和换向器组成；而定子则完全不同，它由主磁极和换向极组成。有的主轴电动机在主磁极上不但有主磁极绕组，还带有补偿绕组。

这类电动机在结构上的特点是：为了改善换向性能，在电动机结构上都有换向极；为缩小体积，改善冷却效果，以免使电动机热量传到主轴上，采用了轴向强迫通风冷却或水管冷却。为适应主轴调速范围宽的要求，一般主轴电动机都能在调速比 1∶100 的范围内实现无级调速，而且在基本速度以上达到恒功率输出，在基本速度以下为恒转矩输出，以适应重负荷的要求。电动机的主极和换向极都采用硅钢片叠成，以便在负荷变化或加减速时有良好的换向性能。电动机外壳结构为密封式，以适应机加工车间的环境。在电动机的尾部一般都同轴安装有测速发电动机作为速度反馈单元。

（2）直流主轴电动机性能。

直流主轴电动机的转矩—速度特性曲线如图 4-22 所示。在基本速度以下时属于恒转矩范围，用改变电枢电压来调速；在基本速度以上时属于恒功率范围，采用控制激磁的调速方法调速。一般来说,恒转矩的速度范围与恒功率的速度范围之比为 1∶2。直流主轴电动机一般都有过载能力,且大都能过载 150%(即为连续额定电流的 1.5 倍)。至于过载的时间,则根据生产厂的不同,有较大的差别,为 1~30 min。

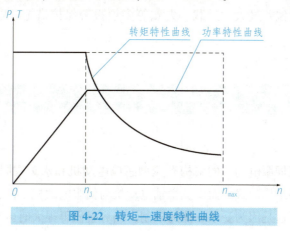

图 4-22 转矩—速度特性曲线

FANUC 直流他励式主轴电动机采用的是三相全控晶闸管无环流可逆调速系统,可实现基速以下的调压调速和基速以上的弱磁调速。调速范围为 35~3 500 r/min(1∶100),输出电流为 33~96 A,其控制框图如图 4-23 所示。

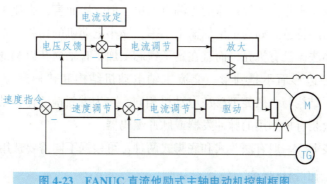

图 4-23 FANUC 直流他励式主轴电动机控制框图

主轴转速的信号可由直流 0~±10 V 模拟电压直接给定,也可给定二位 BCD 码或十二位二进制码的数字量,由 D/A 转变为模拟量。

直流主轴控制系统调压调速部分与直流伺服系统类似,也是由电流环和速度环组成的双环系统。由于主轴电动机的功率较大,因此主回路功率元件常采用晶闸管器件。因为主轴电动机为他激式电动机,故励磁绕组与电枢绕组无连接关系,需要由另一直流电源供电。磁场控制回路由励磁电流设定回路、电枢电压反馈回路及励磁电流反馈回路三者的输出信号经比较后控制励磁电流,当电枢电压低于 210 V 时,电枢反馈电压低于 6.2 V,此时磁场控制回路中电枢电压反馈相当于开路不起作用,只有励磁电流起反馈作用,维持励磁电流不变,实现调压调速。当电枢电压高于 210 V 时,电枢反馈电压高于 6.2 V,此时励磁电流反馈相当于开路，不起作用，而引入电枢反馈电压形成负反馈，随着电枢电压的稍许提高，调节器即对磁场电流进行弱磁升速，使转速上升。

同时，FANUC 直流主轴驱动装置具有速度到达、零速检测等辅助信号输出，还具有速度反馈消失、速度偏差过大、过载、失磁等多项报警保护措施，以确保系统安全可靠工作。

4.3.2 交流主轴驱动

1. 结构特点

前面提到，交流伺服电动机的结构有笼型感应电动机和永磁式同步电动机两种结构，而且大多采用后一种结构形式。而交流主轴电动机与伺服电动机不同，交流主轴电动机采用感应电动机形式，这是因为受永磁体的限制，当容量做得很大时电动机成本太高，使数控机床无法使用。另外数控机床主轴驱动系统不必像伺服驱动系统那样，要求如此高的性能，调速范围也不要太大。因此，采用感应电动机进行矢量控制就完全能满足数控机床主轴的要求。

笼型感应电动机在总体结构上是由三相绕组的定子和有笼条的转子构成的。虽然，也可采用普通感应电动机作为数控机床的主轴电动机，但一般而言，交流主轴电动机是专门设计的，各有自己的特色。如为了增加输出功率，缩小电动机的体积，采用定子铁芯在空气中直接冷却的办法，没有机壳，而且在定子铁芯上加工有轴向孔以利通风等。为此在电动机的外形上呈多边形而不是圆形。交流主轴电动机结构和普通感应电动机的比较如图 4-24 所示。转子结构与一般笼型感应电动机相同，多为带斜槽的铸铝结构。在这类电动机轴的尾部上一般装有检测用的脉冲发生器或脉冲编码器。

在电动机安装上，一般有法兰式和底脚式两种，可根据不同需要选用。

2. 交流主轴电动机性能

交流主轴电动机的结构及特性曲线如图 4-24 所示，从图中曲线可以看出，交流主轴电动机的特性曲线与直流主轴电动机类似：在基本速度以下为恒转矩区域，而在基本速度以上为恒功率区域。但有些电动机，当电动机速度超过某一定值之后，其功率—速度曲线又会向下倾斜，不能保持恒功率，对于一般主轴电动机，恒功率的速度范围只有 1∶3 的速度比。另外，交流主轴电动机也有一定的过载能力，一般为额定值的 1.2~1.5 倍，过载时间则从几分钟到半个小时不等。

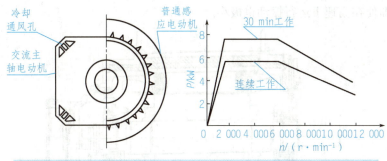

图 4-24　交流主轴电动机的结构及特性曲线

3. 新型主轴电动机结构

从国外较有代表性的 FANUC 公司的研制情况来看,交流主轴电动机结构有下述三方面的新发展。

(1) 输出转换型交流主轴电动机为了满足机床切削的需要,要求在任何刀具切削速度下都是提供恒定的功率。但主轴电动机本身由于特性的限制,在低速时输出功率发生变化(即为恒转矩输出),而在高速区则为恒功率输出。主轴电动机的恒定特性可用在恒转矩范围内的最高速和恒功率时的最高速之比来表示。对于一般的交流主轴电动机,这个比例为 1∶4~1∶3。因此,为了满足切削的需要,在主轴和电动机之间装有齿轮箱,使之在低速时仍有恒功率输出。如果主轴电动机本身有宽的恒功率范围,则可省略主轴变速箱,简化整个主轴机构。

为此,FANUC 公司开发出一种输出转换型交流主轴电动机,输出切换方便了很多,包括△-Y(三角-星形)切换和绕组数切换,或二者组合切换。尤其是绕组数切换方法格外方便,而且每套绕组都能分别设计成最佳的功率特性,能得到非常宽的恒功率范围,一般能达到 1∶8~1∶30。

(2) 液体冷却主轴电动机在电动机尺寸一定的条件下,为了得到大的输出功率,必然会大幅度增加电动机发热量。为此,必须解决电动机的散热问题。一般是采用风扇冷却的方法散热,但采用液体(润滑油)强迫冷却法能在保持小体积条件下获得大的输出功率。液冷却主轴电动机的结构如图 4-25 所示。

液体冷却主轴电动机的结构特点是在电动机外壳和前端盖中间有一个独特的油路通道,用强循环的润滑油经此来冷却绕组和轴承,使电动机可在 20 000 r/min 高速下连续运行。这类电动机的恒功率范围也很宽。

(3) 内装式主轴电动机如果能将主轴与电动机制成一体,那么就可省去齿轮机构,使主轴驱动机构简化。图 4-26 所示为内装式主轴电动机结构,其就是将主轴与电动机合为一体:电动机轴就是主轴本身,而电动机的定子被并入在主轴头内。

由图 4-26 可见,内装式主轴电动机由三个基本部分组成:空心轴转子、带绕组的定子和检测器。由于取消了齿轮变速箱的传动与电动机的连接,简化了构成,故降低了噪声、共振，即使在高速下运行振动也极小。

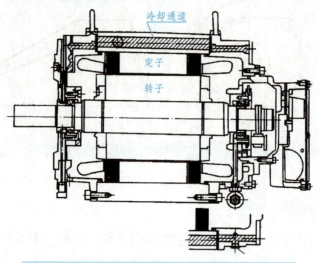

图 4-25　液体冷却主轴电动机的结构

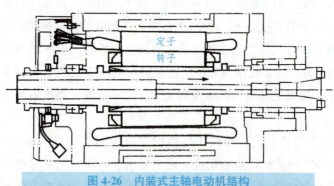

图 4-26　内装式主轴电动机结构

4. 交流主轴控制单元

矢量变换控制是在 1971 年由德国 Felix Blaschke 等人提出的，是对交流电动机调速控制的理想方法，其基本思路是把交流电动机模拟成与直流电动机相似，能够像直流电动机一样，通过对等效电枢绕组电流和励磁绕组电流进行控制，以达到控制转矩和励磁磁通的目的。感应电动机的这种控制方法的数学模型与直流电动机的数学模型极其相似，因此采用矢量变换控制的感应电动机能得到与直流电动机同样优越的调速性能。由于矢量变换理论比较复杂，故在这里不再叙述。

例如，SIEMENS 晶体管脉宽调制主轴驱动装置 6SC 65 是由微处理器的全数字交流主轴系统与 IPH5/6 型三相感应电动机配套使用的。6SC 65 采用西门子公司精心设计的矢量控制原理，确保了主轴具有良好的控制特性，且动态特性超过了相应的直流驱动系统，其特点如下：

(1) 交流笼型感应电动机功率范围为 3~63 kW，最高转速分别可达 8 000 r/min、6 300 r/min 和 5 000 r/min，交流电动机采用强迫冷却，冷却空气从驱动端流向非驱动端，以控制其温升。

(2) 采用安装在轴端的编码器检测主轴转速和转子位置，定子绕组的温度由安装在电动机内的热敏电阻监测，以防电动机过热。

(3) 采用配套变速齿轮箱用以降速，从而增大转矩。

(4) 在主轴驱动装置上，采用键盘与数码管显示将近 200 个控制驱动装置的参数输入，因此可以很方便地调整和改变其驱动特性，使其达到最佳状态。

(5) 具有很宽的恒功率调速范围，例如 IPH5107 电动机驱动特性曲线如图 4-27 所示。

(6) 将先进的微电子技术与笼型感应电动机维护简便和坚固耐用的特点结合在一起，加上完备的故障诊断与报警功能，确保可靠运行。

(7) 西门子主轴交流驱动装置通过增加 C 轴控制选件，可使其本身具有进给功能，转速为 0.01~300 r/min，定位精度可达 ±0.01°。

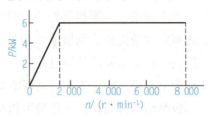

图 4-27　IPH5107 电动机驱动特性曲线

(8) 当数控系统不具备主轴准停控制功能时，西门子交流驱动装置可采用主轴定位选件，自身完成准停控制，其准停位置可作为标准参数设定于驱动装置中。

4.4　典型驱动器类型及选用

驱动单元包括驱动装置和电动机两部分，对驱动单元的选购主要在于驱动装置的选择，因为电动机是通用的部件，性能差别只在于厂家和型号的不同。

驱动电动机主要可分为反应式步进驱动电动机、混合式（也称永磁反应式）步进驱动电动机和伺服驱动电动机三大类。

反应式步进驱动电动机的转子无绕组，由被励磁的定子绕组产生反应力矩实现步进运动。混合式步进电动机的转子用永久磁钢，由励磁和永磁产生的电磁力矩实现步进运动。步进电动机受脉冲的控制，通过改变通电的顺序可改变电动机的旋转方向，改变脉冲的频率可改变电动机的旋转速度。步进电动机有一定的步距精度，没有累积误差。但步进电动机的效率低，拖动负载的能力不大，脉冲当量不能太大，调速范围不大。目前，步进电动机可分为两相、三相、五相等几种，常用的是三相步进电动机，如广州数控的 DY3A 即是三相混合式步进驱动器。在过去很长一段时间里，步进电动机占有很大的市场，但目前正逐步为伺服电动机所取代。

目前，常用的伺服电动机是交流伺服电动机，在电动机的轴端装有光电编码器，通过检测转子角度用以变频控制。从最低转速到最高转速，伺服电动机都能平滑运转，转矩波动小。伺服电动机有较长的过载能力，有较小的转动惯量和大的堵转转矩。伺服电动机有很小的启动频率，能很快从最低转速加速到额定转速。

采用交流伺服电动机作为驱动器件，可以和直流伺服电动机一样构成高精度、高性能的半闭环或闭环控制系统。由于交流伺服电动机内是无刷结构，几乎不需要维修，体积相对较小，有利于转速和功率的提高。目前，交流伺服电动机已经在很大范围内取代了直流伺服电动机。采用高速微处理器和专用数字信号处理机(DSP)的全数字化交流伺服系统出现后，原来的硬件伺服控制变为软件伺服控制，一些现代控制理论中的先进算法得到实现，进而大大地提高了伺服系统的性能，因此伺服单元能较大地提高加工效率及加工精度，但伺服驱动单元的价格也较高。随着伺服控制技术的逐步提高，目前伺服驱动单元正逐步成为驱动单元的主力军，伺服驱动单元的价格也在逐步降低。

伺服驱动器有两种：一种采用脉冲控制方式，此种驱动器与电动机闭环，但不反馈到数控系统，这种驱动器在某种程度上可称为开环控制的伺服控制。另一种采用电压控制方式，通过电压的高低进行电动机的转速控制，电动机的反馈信号通过驱动器反馈到数控系统进行位置控制。

选择驱动单元时，也要考虑驱动单元的价格在整台数控机床中的比例。整台数控机床价格较低的一般选择步进驱动单元，而价格较高的机床则选择伺服驱动单元。但选择驱动单元的同时，也要考虑驱动单元与数控系统的匹配问题，选择闭环控制系统时必须选择闭环的伺服驱动单元。交流伺服系统在许多性能方面都优于步进电动机，但在一些要求不高的场合也经常用步进电动机来作执行电动机。所以，在控制系统的设计过程中要综合考虑控制要求、成本等多方面的因素，选用适当的控制电动机。

思考与练习

(1) 对数控机床伺服系统的要求是什么？
(2) 对主轴伺服系统有什么特殊要求？
(3) 步进电动机有哪些类型？步进电动机的工作原理是什么？
(4) 直流伺服电动机有哪几类？
(5) 直流伺服电动机的调速原理是什么？有哪些调速方法？
(6) 交流伺服电动机有哪几类？
(7) 交流伺服电动机的调速原理是什么？有哪些调速方法？
(8) 变频调速有哪几种类型？
(9) 什么是位置控制？位置控制的特点是什么？

第 5 章 数控机床可编程控制器

学习目标

大国工匠——胡双钱

1. 知识目标

(1) 掌握 PLC 的基本功能和结构;

(2) 熟悉 FANUC 数控机床中 PLC 指令系统;

(3) 了解西门子系统中的 PLC 应用。

2. 能力目标

(1) 能掌握 PLC 在数控系统中的工作过程;

(2) 能通过学习了解 FANUC PLC 程序的含义;

(3) 能根据要求选用西门子机床的 PLC。

3. 素养目标

(1) 通过对可编程序控制器的学习,能解读 FANUC 基本程序培养学生查询工具书了解编程内容的基本方法;

(2) 培养学生精益求精、分析问题的工匠精神。

5.1 概 述

5.1.1 PLC 的产生与发展

可编程控制器(Programmable Logic Controller,简称 PLC),它是一类以微处理器为基础的通用型自动控制装置。它一般以顺序控制为主、回路调节为辅,能够完成逻辑、顺序、计时、计数和算术运算等功能,既能控制开关量,又能控制模拟量。

近年来 PLC 技术发展很快,每年都推出不少新产品。据不完全统计,美国、日本、德国等生产 PLC 的厂家已达 150 多家,产品有数百种。PLC 的功能也在不断增长,主要表现在:

(1) 控制规模不断扩大,单台 PLC 可控制成千乃至上万个点,多台 PLC 进行同位链接可控制数万个点。

（2）指令系统功能增强，能进行逻辑运算、计时、计数、算术运算、PID 运算、数制转换、ASCII 码处理。高档 PLC 还能处理中断、调用子程序等，使得 PLC 能够实现逻辑控制、模拟量控制、数值控制和其他过程监控，以致在某些方面可以取代小型计算机控制。

（3）处理速度提高，每个点的平均处理时间从 10μs 左右提高到 1μs 以内。

（4）编程容量增大，从几 K 字节增大到几十 K，甚至上百 K 字节。

（5）编程语言多样化，大多数使用梯形图语言和语句表语言，有的还可使用流程图语言或高级语言。

（6）增加通信与联网功能，多台 PLC 之间能互相通信、互相交换数据，PLC 还可以与上位计算机通信，接受计算机的命令，并将执行结果告诉计算机。通信接口多采用 RS-422/RS-232C 等标准接口，以实现多级集散控制。

目前，为了适应不同的需要，进一步扩大 PLC 在工业自动化领域的应用范围，PLC 正朝着以下两个方向发展：其一是低档 PLC 向小型、简易、廉价方向发展，使之广泛地取代继电器控制；其二是中、高档 PLC 向大型、高速、多功能方向发展，使之能取代工业控制微机的部分功能，对大规模的复杂系统进行综合性的自动控制。

在数控机床上采用 PLC 代替继电器控制，使数控机床结构更紧凑、功能更丰富、响应速度和可靠性大大提高。在数控机床、加工中心等自动化程度高的加工设备和生产制造系统中，PLC 是不可缺少的控制装置。

5.1.2 PLC 的基本功能

在数控机床出现以前，顺序控制技术在工业生产中已经得到广泛应用。许多机械设备的工作过程都需要遵循一定的步骤或顺序。顺序控制即是以机械设备的运行状态和时间为依据，使其按预先规定好的动作次序顺序地进行工作的一种控制方式。

数控机床所用的顺序控制装置（或系统）主要有两种：一种是传统的"继电器逻辑电路"，简称 RLC(Relay Logic Circuit)；另一种是"可编程序控制器"，即 PLC。

RLC 是将继电器、接触器、按钮、开关等机电式控制器件用导线连接而成的、以实现规定的顺序控制功能的电路。在实际应用中，RLC 存在一些难以克服的缺点，如：只能解决开关量的简单逻辑运算，以及定时、计数等有限几种功能控制，难以实现复杂的逻辑运算、算术运算、数据处理，以及数控机床所需要的许多特殊控制功能，修改控制逻辑需要增减控制元器件和重新布线，安装和调整周期长，工作量大；继电器、接触器等器件体积较大，每个器件工作触点有限。当机床受控对象较多或控制动作顺序较复杂时，需要采用大量的器件，因而整个 RLC 体积庞大、功耗高、可靠性差。由于 RLC 存在上述缺点，因此只能用于一般的工业设备和数控车床、数控钻床、数控镗床等控制逻辑较为简单的数控机床。

与 RLC 比较，PLC 是一种工作原理完全不同的顺序控制装置。PLC 具有以下基本功能：

（1）PLC 是由计算机简化而来的。为适应顺序控制的要求，PLC 省去了计算机的一些数字运算功能，而强化了逻辑运算控制功能，是一种功能介于继电器控制和计算机控制之间的自动控制装置。

PLC 具有与计算机类似的一些功能器件和单元，它们包括：CPU、用于存储系统控制程序和用户程序的存储器、与外部设备进行数据通信的接口及工作电源等。为与外部机器和过程实现信号传送，PLC 还具有输入、输出信号接口。PLC 有了这些功能器件和单元，即可用于完成各种指定的控制任务。

（2）具有面向用户的指令和专用于存储用户程序的存储器。用户控制逻辑用软件实现。适用于控制对象动作复杂、控制逻辑需要灵活变更的场合。

（3）用户程序多采用图形符号和逻辑顺序关系与继电器电路十分近似的"梯形图"编辑。梯形图形象直观，工作原理易于理解和掌握。

（4）PLC 可与专用编程机、编程器、个人计算机等设备连接，可以很方便地实现程序的显示、编辑、诊断、存储和传送等操作。

（5）PLC 没有继电器那种接触不良、触点熔焊、磨损和线圈烧断等故障。运行中无振动、无噪声且具有较强的抗干扰能力，可以在环境较差（如粉尘、高温、潮湿等）的条件下稳定、可靠地工作。

（6）PLC 结构紧凑、体积小、容易装入机床内部或电气箱内，便于实现数控机床的机电一体化。

PLC 的开发利用为数控机床提供了一种新型的顺序控制装置，并很快在实际应用中显示了强大的生命力。现在 PLC 已成为数控机床的一种基本的控制装置。与 RLC 相比，采用 PLC 的数控机床结构更紧凑、功能更丰富、工作更可靠。对于车削中心、加工中心、FMC、FMS 等机械运动复杂、自动化程度高的加工设备和生产制造系统，PLC 则是不可缺少的控制装置。

5.1.3 PLC 的基本结构

可编程序控制器实施控制，其实质就是按一定算法进行输入输出变换，并将这个变换以物理实现。输入输出变换、物理实现可以说是 PLC 实施控制的两个基本点，同时物理实现也是 PLC 与普通微机相区别之处，其需要考虑实际控制的需要，应能排除干扰信号，适应于工业现场。输出应放大到工业控制的水平，能为实际控制系统方便使用，所以 PLC 采用了典型的计算机结构，主要是由中央处理器（CPU）、存储器（RAM/ROM）、输入输出接口（I/O）电路、通信接口及电源组成。PLC 的基本结构如图 5-1 所示。

PLC 的基本结构

中央处理单元（CPU）是 PLC 的控制核心，它按照 PLC 系统程序赋予功能：

（1）接收并存储用户程序和数据；

(2)检查电源、存储器、I/O 以及警戒定时器的状态,并能诊断用户程序中的语法错误。

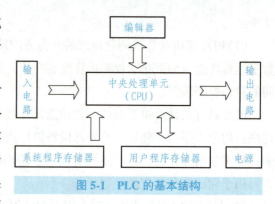

图 5-1　PLC 的基本结构

当 PLC 投入运行时,首先它以扫描的方式采集现场各输入装置的状态和数据,并分别存入 I/O 映象寄存区,然后从用户程序存储器中逐条读取用户程序,经过命令解释后按指令的规定执行逻辑或算数运算并将结果送入 I/O 映象寄存区或数据寄存器内。等所有的用户程序执行完毕之后,最后将 I/O 映象寄存区的各输出状态或输出寄存器内的数据传送到相应的输出装置,如此循环直到停止运行。为了进一步提高 PLC 的可靠性,近年来对大型 PLC 还采用双 CPU 构成冗余系统,或采用三 CPU 的表决式系统。这样,即使某个 CPU 出现故障,整个系统仍能正常运行。

可编程序控制器的存储器分为系统程序存储器和用户程序存储器。存放系统软件(包括监控程序、模块化应用功能子程序、命令解释程序、故障诊断程序及其各种管理程序)的存储器称为系统程序存储器;存放用户程序(用户程序和数据)的存储器称为用户程序存储器,所以又分为用户存储器和数据存储器两部分。

PLC 常用的存储器类型

(1)RAM(Random Assess Memory),这是一种读/写存储器(随机存储器),其存取速度最快,由锂电池支持。

(2)EPROM(Erasable Programmable Read Only Memory),这是一种可擦除的只读存储器。在断电情况下,存储器内的所有内容保持不变(在紫外线连续照射下可擦除存储器内容)。

(3)EEPROM(Electrical Erasable Programmable Read Only Memory),这是一种电可擦除的只读存储器。使用编程器就能很容易地对其所存储的内容进行修改。

PLC 存储空间的分配:虽然各种 PLC 的 CPU 的最大寻址空间各不相同,但是根据 PLC 的工作原理,其存储空间一般包括以下三个区域:

(1)系统程序存储区。
(2)系统 RAM 存储区(包括 I/O 映象寄存区和系统软设备等)。
(3)用户程序存储区。

5.1 概　　述

系统程序存储区：在系统程序存储区中存放着相当于计算机操作系统的系统程序，包括监控程序、管理程序、命令解释程序、功能子程序、系统诊断子程序等。由制造厂商将其固化在 EPROM 中，用户不能直接存取。它和硬件一起决定了该 PLC 的性能。

系统 RAM 存储区：系统 RAM 存储区包括 I/O 映象寄存区以及各类软元件，如：逻辑线圈、数据寄存器、计时器、计数器、变址寄存器、累加器等存储器。

(1) I/O 映象寄存区：由于 PLC 投入运行后，只是在输入采样阶段才依次读入各输入状态和数据，在输出刷新阶段才将输出的状态和数据送至相应的外设。因此，它需要一定数量的存储单元(RAM)以存放 I/O 的状态和数据，这些单元称作 I/O 映象寄存区。一个开关量 I/O 占用存储单元中的一个位，一个模拟量 I/O 占用存储单元中的一个字。因此整个 I/O 映象寄存区可看作由两个部分组成：开关量 I/O 映象寄存区；模拟量 I/O 映象寄存区。

(2) 系统软元件存储区：除了 I/O 映象寄存区以外，系统 RAM 存储区还包括 PLC 内部各类软元件(逻辑线圈、计时器、计数器、数据寄存器和累加器等)的存储区。该存储区又分为具有失电保持的存储区域和失电不保持的存储区域，前者在 PLC 断电时，由内部的锂电池供电，数据不会丢失；后者当 PLC 断电时，数据被清零。

(3) 用户程序存储区：用户程序存储区存放用户编制的用户程序。不同类型的 PLC，其存储容量各不相同。

输入输出信号有开关量、模拟量、数字量三种，在实习室涉及的信号当中，开关量最普遍。由于实验条件所限，在此我们主要介绍开关量接口电路。

可编程序控制器优点之一是抗干扰能力强，这也是其 I/O 设计的主要优点，信号是经过了电气隔离后才被送入 CPU 执行的，防止了现场强电干扰的进入。图 5-2 所示为光电耦合器(一般采用反光二极管和光电三极管组成)的开关量输入接口电路。

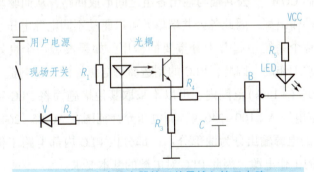

图 5-2　光电耦合器的开关量输入接口电路

可编程序控制器的输出有继电器输出(M)、晶体管输出(T)、晶闸管输出(SSR)三种输出形式，如图 5-3 所示。

(1) 输出接口电路的隔离方式。

(2) 输出接口电路的主要技术参数。

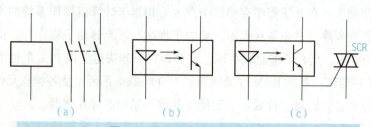

图 5-3 可编程序控制器的输出
(a)继电器输出；(b)晶体管输出；(c)晶闸管输出

①响应时间。响应时间是指 PLC 从"ON"状态转变成"OFF"状态或从"OFF"状态转变成"ON"状态所需要的时间。继电器输出型响应时间平均为 10 ms；晶闸管输出型响应时间为 1 ms 以下；晶体管输出型在 0.2 ms 以下，为最快。

②输出电流。继电器输出型具有较大的输出电流，AC 250 V 以下的电路电压可驱动纯电阻负载每个点 2A、感性负载 80 VA 以下(AC 100 V 或 AC 200 V)及灯负载 100 W 以下(AC 100 V 或 200 V)的负载；Y_0、Y_1 以外每输出 1 点的输出电流是 0.5 A，但是由于温度上升的原因，每输出 4 点合计为 0.8 A 的电流，输出晶体管的 ON 电压约为 1.5 V，因此驱动半导体元件时，应注意元件的输入电压特性。Y_0、Y_1 每输出 1 点的输出电流是 0.3 A，但是对 Y_0、Y_1 使用定位指令时需要高速响应，因此使用 10~100 mA 的输出电流；晶闸管输出电流也比较小，FX1S 无晶闸管输出型。

③开路漏电流。开路漏电流是指输出处于"OFF"状态时，输出回路中的电流。继电器输出型输出接点"OFF"是无漏电流；晶体管输出型漏电流在 0.1 mA 以下；晶闸管较大漏电流，主要由内部 *RC* 电路引起，需在设计系统时注意。

(3)输出公共端(COM)。公共端与输出各组之间形成回路，从而驱动负载。FX1S 有 1 点或 4 点一个公共端输出型，因此各公共端单元可以驱动不同电源电压系统的负载。

PLC 的电源在整个系统中起着十分重要的作用，如果没有一个良好、可靠的电源系统，PLC 是无法正常工作的。因此，PLC 的制造商对电源的设计和制造也十分重视。一般交流电压波动在+10%(+15%)范围内，可以不采取其他措施而将 PLC 直接连接到交流电网上，如 FX1S 额定电压 AC 100~240 V，而电压允许范围在 AC 85~264 V。

一般小型 PLC 的电源输出分为两部分：一部分供 PLC 内部电路工作；一部分向外提供给现场传感器等的工作电源。因此 PLC 对电源的基本要求：

(1)能有效地控制、消除电网电源带来的各种干扰。

(2)电源发生故障不会导致其他部分产生故障。

(3)允许较宽的电压范围。

(4)电源本身的功耗低、发热量小。

(5)内部电源与外部电源完全隔离。

(6)有较强的自保护功能。

5.1 概　述

PLC 的软件系统是指 PLC 所使用的各种程序的集合，它包括系统程序和用户程序。

（1）系统程序。

系统程序包括监控程序、编译程序及诊断程序等。监控程序又称为管理程序，主要用于管理全机。编译程序用来把程序语言翻译成机器语言。诊断程序用来诊断机器故障。系统程序由 PLC 生产厂家提供，并固化在 EPROM 中，用户不能直接存取，故也不需要用户干预。

（2）用户程序。

用户程序是用户根据现场控制的需要，用 PLC 的程序语言编制的应用程序，用以实现各种控制要求。用户程序由用户用编程器键入到 PLC 内存。小型 PLC 的用户程序比较简单，不需要分段，而是顺序编制的。大中型 PLC 的用户程序很长，也比较复杂，为使用户程序编制简单清晰，可按功能结构或使用目的将用户程序划分成各个程序模块。按模块结构组成的用户程序，每个模块用来解决一个确定的技术功能，能使很长的程序编制得易于理解，还使得程序的调试和修改变得很容易。

对于数控机床来说，数控机床 PLC 中的用户程序由机床制造厂提供，并已固化到用户 EPROM 中，机床用户不需进行写入和修改，只是当机床发生故障时，根据机床厂提供的梯形图和电气原理图来查找故障点进行维修。

5.1.4　PLC 的规模和几种常用名称

在实际运用中，当需要对 PLC 的规模做出评价时，较为普遍的做法是根据输入/输出点数的多少或者程序存储器容量（字数）的大小作为评价的标准，将 PLC 分为小型、中型和大型（或小规模、中规模和大规模）三类，见表 5-1。

表 5-1　PLC 的规模分类

评价指标 PLC 规模	输入/输出点数 （二者总点数）	程序存储容量 （KB = 千字）
小型 PLC	小于 128 点	1 KB 以下
中型 PLC	128～512 点	1～4 KB
大型 PLC	512 点以上	4 KB 以上

存储器容量的大小决定存储用户程序的步数或语句条数的多少。输入/输出点数与程序存储器容量之间有内在的联系。当输入/输出点数增加时，顺序程序处理的信息量增大，程序加长，因而需加大程序存储器的容量。

一般来说，数控车床、铣床、加工中心等单机数控设备所需输入/输出点数多在 128 点以下，少数复杂设备在 128 点以上。而大型数控机床、FMC、FMS、FA 则需要采用中规模或大规模 PLC。

103

为了突出可编程序控制器作为工业控制装置的特点，或者为了与个人计算机"PC"或脉冲编码器"PLC"等术语相区别，除通称可编程控制器为"PLC"外，目前不少厂家（其中有些是世界著名的 PLC 厂家），还采用了与 PLC 不同的其他名称。现将几种常见名称列举如下：

微机可编程控制器（Microprocessor Programmable Controller-MPC）；

可编程接口控制器（Programmable Interface Controller-PIC）；

可编程机器控制器（Programmable Machine Controller-PMC）；

可编程顺序控制器（Programmable Sequence Controller-PSC）。

5.2　数控机床用 PLC

5.2.1　数控机床用 PLC

数控机床用 PLC 可分为两类：一类是专为实现数控机床顺序控制而设计制造的"内装型"（Built-in Type）PLC；另一类是输入/输出信号接口技术规范、输入/输出点数、程序存储容量以及运算和控制功能等均能满足数控机床控制要求的"独立型"（Stand-alone Type）PLC。

"内装型"PLC（或称"内含型"PLC、"集成式"PLC）从属于 CNC 装置，PLC 与 NC 间的信号传送在 CNC 装置内部即可实现。PLC 与 MT 间则通过 CNC 输入/输出接口电路实现信号传送，如图 5-4 所示。

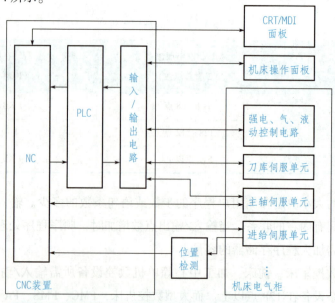

图 5-4　具有内装型 PLC 的 CNC 机床系统框图

5.2 数控机床用 PLC

内装型 PLC 有如下特点

(1) 内装型 PLC 实际上是 CNC 装置带有的 PLC 功能，一般作为一种基本的或可选择的功能提供给用户。

(2) 内装型 PLC 的性能指标(如：输入/输出点数、程序最大步数、每步执行时间、程序扫描周期、功能指令数目等)是根据所从属的 CNC 系统的规格、性能、适用机床的类型等确定的。其硬件和软件部分是被作为 CNC 系统的基本功能或附加功能与 CNC 系统其他功能一起统一设计、制造的。因此，系统硬件和软件整体结构十分紧凑，且 PLC 所具有的功能针对性强，技术指标亦较合理、实用，尤其适用于单机数控设备的应用场合。

(3) 在系统的具体结构上，内装型 PLC 可与 CNC 共用 CPU，也可以单独使用一个 CPU；硬件控制电路可与 CNC 其他电路制作在同一块印刷板上，也可以单独制成一块附加板，当 CNC 装置需要附加 PLC 功能时，再将此附加板插装到 CNC 装置上，内装 PLC 一般不单独配置输入/输出接口电路，而是使用 CNC 系统本身的输入/输出电路；PLC 控制电路及部分输入/输出电路(一般为输入电路)所用电源由 CNC 装置提供，无须另备电源。

(4) 采用内装型 PLC 结构，CNC 系统可以具有某些高级的控制功能。如：梯形图编辑和传送功能，在 CNC 内部直接处理 NC 窗口的大量信息等。

自 20 世纪 70 年代末以来，世界上著名的 CNC 厂家在其生产的 CNC 产品中大多开发了内装型 PLC 功能。随着大规模集成电路的开发和利用，带与不带 PLC 功能，CNC 装置的外形尺寸已没有明显的变化。一般来说，采用内装型 PLC 省去了 PLC 与 NC 间的连线，又具有结构紧凑、可靠性好、安装和操作方便等优点，和拥有 CNC 装置后又去另外配购一台通用型 PLC 作控制器的情况相比较，无论在技术上还是经济上对用户来说都是有利的。

国内常见的外国公司生产的带有内装型 PLC 的系统有：FANUC 公司的 FS-0(PMC-L/M)、FS-0 Mate(PMC-L/M)、FS-3(PLC-D)、FS-6(PLC-A、PLC-B)、FS-10/11(PMC-1)、FS-15(PMC-N)，Siemens 公司的 SINUMERIK 810、SINUMERIK 820，A-B 公司的 8200、8400、8600 等。

"独立型"PLC 又称"通用型"PLC，独立型 PLC 是独立于 CNC 装置，具有完备的硬件和软件功能，能够独立完成规定控制任务的装置。采用独立型 PLC 的数控机床系统框图如

图 5-5 所示。

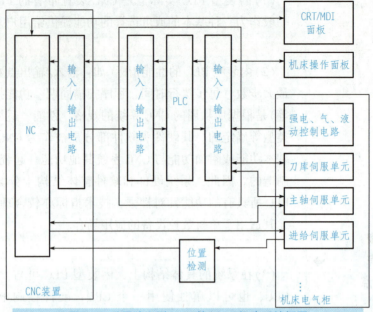

图 5-5 采用独立型 PLC 的 CNC 机床系统框图

独立型 PLC 有如下特点 ➡

(1) 独立型 PLC 具有以下基本的功能结构：CPU 及其控制电路、系统程序存储器、用户程序存储器、输入/输出接口电路、与编程机等外部设备通信的接口和电源等。

(2) 独立型 PLC 一般采用积木式模块化结构或笼式插板结构，各功能电路多做成独立的模块或印刷电路插板，具有安装方便、功能易于扩展和变更等优点。例如，可采用通信模块与外部输入/输出设备、编程设备、上位机、下位机等进行数据交换；采用 D/A 模块可以对外部伺服装置直接进行控制；采用计数模块可以对加工工件数量、刀具使用次数、回转体回转分度数等进行检测和控制，采用定位模块可以直接对诸如刀库、转台、直线运动轴等机械运动部件或装置进行控制。

(3) 独立型 PLC 的输入/输出点数可以通过 I/O 模块或插板的增减灵活配置。有的独立型 PLC 还可通过多个远程终端连接器构成有大量输入/输出点的网络，以实现大范围的集中控制。

在独立型 PLC 中,那些专为用于 FMS、FA 而开发的独立型 PLC 具有强大的数据处理、通信和诊断功能,主要用作"单元控制器",是现代自动化生产制造系统重要的控制装置。独立型 PLC 也用于单机控制。国外有些数控机床制造厂家,或是为了展示自己长期形成的技术特色,或是为了保守某些技术诀窍,或纯粹是因管理上的需要,在购进的 CNC 系统中,舍弃了 PLC 功能,而采用外购或自行开发的独立型 PLC 作控制器,这种情况在从日本、欧美引进的数控机床中屡见不鲜。

国内已引进应用的独立型 PLC 有:Siemens 公司的 SIMATIC S5 系列产品、A-B 公司的 PLC 系列产品、FANUC 公司的 PMC-J 等。

5.2.2 PLC 的工作过程

用户程序通过编程器顺序输入到用户存储器,CPU 对用户程序循环扫描并顺序执行,这是 PLC 的基本工作过程。

当 PLC 运行时,用户程序中有众多的操作需要去执行,但是 CPU 是不能同时去执行多个操作的,它只能按分时操作原理每一时刻执行一个操作。但由于 CPU 运算处理速度很高,使得外部出现的结果从宏观来看似乎是同时完成的。这种分时操作的过程,称为 CPU 对程序的扫描(CPU 处理执行每条指令的平均时间:小型 PLC 如 OMRON-P 系列为 10μs、中型 PLC 如 FANUC-PLC-B 为 7μs)。

PLC 接通电源并开始运行后,立即开始进行自诊断,自诊断时间的长短随用户程序的长短而变化。自诊断通过后,CPU 就对用户程序进行扫描。扫描从 0000H 地址所存的第一条用户程序开始,顺序进行,直到用户程序占有的最后一个地址为止,形成一个扫描循环,周而复始。顺序扫描的工作方式简单直观,它简化了程序的设计,并为 PLC 的可靠运行提供了保证。一方面所扫描到的指令被执行后,其结果马上就可以被将要扫描到的指令所利用;另一方面还可以通过 CPU 设置扫描时间监视定时器来监视每次扫描是否超过规定的时间,从而避免由于 CPU 内部故障使程序执行进入死循环而造成的故障。

对用户程序的循环扫描执行过程,可分为输入采样、程序执行、输出刷新三个阶段,如图 5-6 所示。

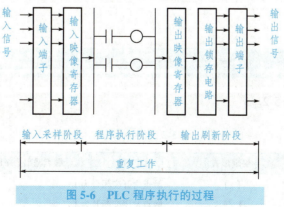

图 5-6　PLC 程序执行的过程

在输入采样阶段，PLC 以扫描方式将所有输入端的输入信号状态（ON/OFF 状态）读入到输入映像寄存器中寄存起来，称为对输入信号的采样。接着转入程序执行阶段，在程序执行期间，即使输入状态变化，输入映像寄存器的内容也不会改变，输入状态的变化只有在下一个工作周期的输入采样阶段才被重新读入。

在程序执行阶段，PLC 对程序按顺序进行扫描。如程序用梯形图表示，则总是按先上后下、先左后右的顺序扫描。每扫描到一条指令时所需要的输入状态或其他元素的状态，分别由输入映像寄存器或输出映像寄存器中读入，然后进行相应的逻辑或算术运算，运算结果再存入专用寄存器。若执行程序输出指令，则将相应的运算结果存入输出映像寄存器。

在所有指令执行完毕后，输出映像寄存器中的状态就是欲输出的状态。在输出刷新阶段将其转存到输出锁存电路，再经输出端子输出信号去驱动用户输出设备，这就是 PLC 的实际输出。

PLC 重复地执行上述三个阶段，每重复一次就是一个工作周期（或称扫描周期）。工作周期的长短与程序的长短有关。

由于输入/输出模块滤波器的时间常数、输出继电器的机械滞后以及执行程序时按工作周期进行等原因，会使输入/输出响应出现滞后现象，对一般工业控制设备来说，这种滞后现象是允许的。但一些设备的某些信号要求做出快速响应，因此，有些 PLC 采用高速响应的输入/输出模块，也有的将顺序程序分为快速响应的高级程序和一般响应速度的低级程序两类。如 FANUC-BESK PLC 规定高级程序每 8 ms 扫描一次，而把低级程序自动划分分割段，当开始执行程序时，首先执行高级顺序程序，然后执行低级程序的分割段 1，然后又去执行高级程序，再执行低级程序的分割段 2，这样每执行完低级程序的一个分割段，都要重新扫描执行一次高级程序，以保证高级程序中信号响应的快速性。

5.3　FANUC PLC 指令系统

5.3.1　继电器触点

继电器触点见表 5-2。

表 5-2　继电器触点

继电器触点类型	展现形式	触点输出为 1 时
常开触点	-│ │-	触点常开变闭合为 1
常闭触点	-│/│-	触点常闭变断开为 1

续表

继电器触点类型	展现形式	触点输出为1时
上升沿触点	-|↑|-	当触点变为常开时,输出1
下降沿触点	-|↓|-	当触点变为常闭时,输出1
故障触点	-[FAULT]-	当触点输出为错误时,输出1
无故障触点	-[NOFLT]-	当触电输出为无错误时,输出1
高报警触点	-[HIALR]-	当触点输出为高报警时,输出1
低报警触点	-[LOALR]-	当触点输出为低报警时,输出1
延时触点	<+>---	当延时线圈计时结束时,输出1

5.3.2 继电器线圈指令

继电器线圈指令见表5-3。

表5-3 继电器线圈指令

输出类型	展现形式	输出结果	结果说明
线圈(常开)	-( )-	ON	使得线圈输出为1
		Off	使得线圈输出为0
线圈(常闭)	-(/)-	ON	使得线圈输出为0
		OFF	使得线圈输出为1
保持型线圈	-(M)-	ON	使得线圈保持为1
		OFF	使得线圈保持为0
保持型反线圈	-(/M)-	ON	使得线圈保持为0
		OFF	使得线圈保持为1
上升沿触发线圈	-(↑)-	OFF→ON	在一个扫描周期由0变为1
下降沿触发线圈	-(↓)-	OFF→OF	在一个扫描周期由1变为0
置位	-(S)-	ON	设置为1,直至reset(复位)
		OFF	不改变线圈状况
复位	-(R)-	ON	设置为0,直至置位(set指令)
		OFF	不改变线圈状况
保持置位	-(SM)-	ON	使得线圈集输出为1,直至RM指令
		OFF	不改变线圈状况
保持复位	-(RM)-	ON	使得线圈集输出为0,直至SM指令
		OFF	不改变线圈状况
延迟线圈	---<+>	ON	使得延时触点开
		OFF	使得延时触点关闭

5.3.3 计时器

GE FANUC PLC 计时器分为三种类型：延时计时器、保持延时计时器、断电延时计时器。

1. 延时计时器

延时计时器梯形图如图 5-7 所示。

其工作波形如图 5-8 所示。

图 5-7 延时计时器梯形图

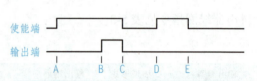

图 5-8 延时计时器工作波形

A = 当使能端由 "0→1" 时，计时器开始计时。
B = 当计时计到后，输出端置 "1"，计时器继续计时。
C = 当使能端 "1→0" 时，输出端置 "0"，计时器停止计时，当前值被清零。
D = 当使能端由 "0→1" 时，计时器开始计时。
E = 当当前值没有达到预置值时，使能端由 "1→0"，输出端仍旧为零，计时器停止计时，当前值被清零。

2. 保持延时计时器

保持延时计时器梯形图如图 5-9 所示。

其工作波形如图 5-10 所示。

图 5-9 保持延时计时器梯形图

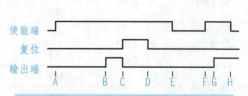

图 5-10 保持延时计时器工作波形

A = 当使能端由"0→1"时，计时器开始计时。

B = 当计时计到后，输出端置"1"，计时器继续计时。

C = 当复位端由"0→1"时，输出端被清零，计时值被复位。

D = 当复位端由"1→0"时，计时器重新开始计时。

E = 当使能端由"1→0"时，计时器停止计时，但当前值被保留。

F = 当使能端再由"0→1"时，计时器从前一次保留值开始计时。

G = 当计时计到后，输出端置"1"，计时器继续计时，直到使能端为"0"且复位端为"1"，或当前值达到最大值。

H = 当使能端由"1→0"时，计时器停止计时，但输出端仍旧为"1"。

3. 断电延时计时器

断电延时计时器梯形图如图 5-11 所示。

其工作波形如图 5-12 所示。

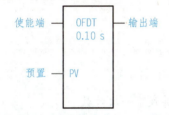

图 5-11　断电延时计时器梯形图

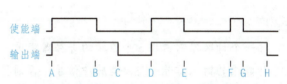

图 5-12　断电延时计时器工作波形

A = 当使能端由"0→1"时，输出端也由"0→1"。

B = 当使能端由"1→0"时，计时器开始计时，输出端继续为"1"。

C = 当当前值达到预置值时，输出端由"1→0"，计时器停止计时。

D = 当使能端由"0→1"时，计时器复位(当前值被清零)。

E = 当使能端由"1→0"，计时器开始计时。

F = 当使能端又由"0→1"，且当前值不等于预置值时，计时器复位(当前值被清零)。

G = 当使能端再由"0→1"时，计时器开始计时。

H = 当当前值达到预置值时，输出端由"1→0"，计时器停止计时。

5.3.4　计数器

GE FANUC PLC 的计数器有两种：加计数器、减计数器。

1. 加计数器

加计数器梯形图如图 5-13 所示。

当计数端输入由"0→1"(脉冲信号)时，当前值加"1"，当当前值等于预置值时，输出端置"1"。只要当前值大于或等于预置值，输出端始终为"1"，而且该输出端带有断电自保功能，在上电时不自动初始化。

图 5-13 加计数器梯形图

该计数器是复位优先的计数器，当复位端为"1"时（无须上升沿跃变），当前值于预置值均被清零，如有输出，也被清零。

另，该计数器计数范围为 0~32 767。

> 注：
> 每一个计数器需占用 3 个连续的寄存器变量。
> 计数端的输入信号一定要是脉冲信号，否则将会屏蔽下一次计数。

2. 减计数器

减计数器梯形图如图 5-14 所示。

当计数端输入由"0→1"（脉冲信号）时，当前值减"1"，当当前值等于"0"时，输出端置"1"。只要当前值小于或等于预置值时，输出端始终为"1"，而且该输出端带有断电自保功能，在上电时不自动初始化。

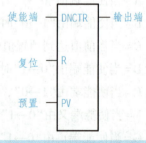

该计数器是复位优先的计数器，当复位端为"1"时（无须上升沿跃变），当前值被置成预置值，如有输出，也被清零。

图 5-14 减计数器梯形图

该计数器的最小预置值为"0"，最大预置值为"+32 767"，最小当前值为"-32 767"。

> 注：
> 每一个计数器需占用 3 个连续的寄存器变量。
> 计数端的输入信号一定要是脉冲信号，否则将会屏蔽下一次计数。

5.3.5 数学运算

GE FANUC PLC 提供的数学运算功能见表 5-4。

表 5-4 数学运算功能

缩写	功能	描述
ADD	加法	BCD 加法运算（BCD 十进制）
SUB	减法	BCD 减法运算
MUL	乘法	BCD 乘法运算
DIV	除法	BCD 除法运算
MOD	传送指令	将一个数传输到另外一个数
SQRT	开方	求算术平均值
ABS	求绝对值	对一个数进行绝对值求值
SIN，COS，TAN，ASIN，ACOS，ATAN	正旋、余旋、正切、反正旋、反余旋、反正切	对数据进行相关角度运算
LOG，LN，EXP，EXPT	对数，指数运算	对数据进行求对数，求指数运算
RAD, DEG	角度、弧度计算	对角度和弧度进行换算

1. 四则运算和求余

四则运算的梯形图及语法基本类似，现以加法指令为例。

四则运算和求余梯形图如图 5-15 所示。

在 I_1 端为被加数，I_2 端为加数，Q 为和，其操作为 $Q = I_1 + I_2$，当使能端为"1"时（无须上升沿跃变），指令就被执行。

I_1、I_2 与 Q 是三个不同的地址时，使能端是长信号或脉冲信号没有不同。

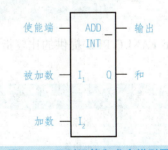

图 5-15 四则运算和求余梯形图

当 I_1 或 I_2 之中有一个地址于 Q 地址相同时，即：$I_1(Q) = I_1 + I_2$ 或 $I_2(Q) = I_1 + I_2$。其使能端要注意是长信号还是脉冲信号，长信号时，该加法指令成为一个累加器，每个扫描周期执行一次，直至溢出；是脉冲信号时，当使能端为"1"时，执行一次。

当计算结果发生溢出时，Q 保持当前数型的最大值（如是带符号的数，则用符号表示是正溢出还是负溢出）。

> 注：
> 要注意四则运算的数型，相同的数型才能运算：
> INT 带符号整数(16位)-32 768 ~ +32 767;
> UINT 不带符号整数(16位)0 ~ 65 535;
> DINT 双精度整数(32位)2 147 483 648;
> REAL 浮点数(32位);
> MIXED 混合型(GE 90-70PLC在乘、除法时用)。

$$\boxed{16} \times \boxed{16} = \boxed{32位}$$

$$\boxed{32位} / \boxed{16位} = \boxed{16位}$$

2. 开方

开方梯形图如图5-16所示。

求IN端的平方根，当使能端为"1"时(无须上升沿跃变)，Q端为IN的平方根(整数部分)。

当使能端为"1"时，输出端就为"1"，除非发生下列情况：

IN<0;

IN 不是数值。

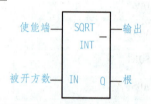

图5-16 开方梯形图

5.3.6 比较指令

GE FANUC PLC 提供的比较指令功能见表5-5。

表5-5 比较指令功能

缩 写	功 能	描 述
EQ	相等	比较两个数是否相等
NE	不相等	比较两个书是否不相等
GT	大于	比较一个数是否大于另一个数
GE	大于等于	比较一个数是否大于等于另外一个数
LT	小于	比较一个数是否小于另外一个数
LE	小于等于	比较一个数是否小于等于另外一个数
CMP	比较	比较两个数是小于，等于或者大于
RANGE		比较一个数是否在某个范围内

1. 普通比较指令

比较指令的梯形图及语法基本类似，现以等于指令为例。
比较指令梯形图如图 5-17 所示。

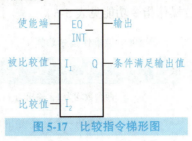

图 5-17　比较指令梯形图

比较 I_1 和 I_2 的值，如满足指定条件，且当使能端为"1"时（无须上升沿跃变），Q 端置"1"，否则置"0"。

比较指令执行如下比较：$I_1 = I_2$，$I_1 > I_2$ 等。

当使能端为"1"时，输出端即为"1"，除非 I_1 或 I_2 不是数值。

比较指令支持如下数型（相同数型才能比较）。

2. CMP 指令

CMP 指令梯形图如图 5-18 所示。

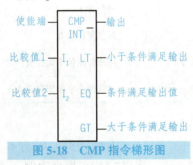

图 5-18　CMP 指令梯形图

比较 I_1 和 I_2 的值，且当使能端为"1"时（无须上升沿跃变），如 $I_1 > I_2$，GT 端置"1"；$I_1 = I_2$，EQ 端置"1"，$I_1 < I_2$，LT 端置"1"。比较指令执行如下比较：$I_1 = I_2$，$I_1 > I_2$，$I_1 < I_2$。当使能端为"1"时，输出端即为"1"，除非 I_1 或 I_2 不是数值。

3. Range 指令

Range 指令梯形图如图 5-19 所示。

当使能端为"1"时（无须上升沿跃变），该指令比较输入端是否在 L_1 和 L_2 所指定的范围内（$L_1 \leq IN \leq L_2$ 或 $L_2 \leq X \leq L_1$），如条件满足，Q 端置"1"，否则置"0"。当使能端为"1"时，输出端即为"1"，除非 L_1、L_2 和 IN 不是数值。

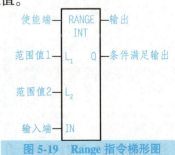

图 5-19　Range 指令梯形图

5.3.7 位操作指令

GE FANUC PLC 提供的位操作指令功能见表 5-6。

表 5-6 位操作指令功能

缩 写	功 能	描 述
AND	逻辑与	两个数均为 1，输出为 1
OR	逻辑或	两个数有一个为 1，输出为 1
XOR	异或指令	两数字相同为 1，不同为 0
NOT	逻辑非	如果数为 1，输出 0，数为 0，则输出 1
SHL	逻辑左移	左移一位指令
SHR	逻辑右移	右移一位指令
ROL	循环左移	左移一位并填补到最后一位
ROR	循环右移	右移一位并填补到第一位
BTST	位测试指令	测试位指令，输出为 1 或者 0
BSET	位置位指令	对位置 1
BCLR	位复位指令	对位复位为 0
BPOS	BPOS（定位指令）	将指针定位 1 的位置
MCMP	屏蔽比较指令	比较两个字串值是否为 1

1. 与、或、非操作

与或非操作指令格式基本一致，现以 "AND" 指令为例。

与指令梯形图如图 5-20 所示。

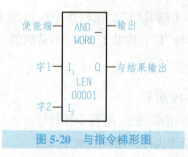

图 5-20 与指令梯形图

当使能端为 "1" 时（无须上升沿跃变），该指令执行与操作。

其操作过程如图 5-21 所示：

图 5-21 "与"指令操作过程

该指令最多对 256 个字（128 个双字）进行"与"操作。

当使端为"1"时，输出端即为"1"。

2. 移位指令（左移、右移指令）

左移指令与右移指令，除了移动的方向不一致外，其余参数都一致，现以左移指令为例。

移位指令梯形图如图 5-22 所示。

图 5-22 移位指令梯形图

当使能端为"1"时（无须上升沿跃变），该指令执行移位操作。

移位指令操作过程如图 5-23 所示：

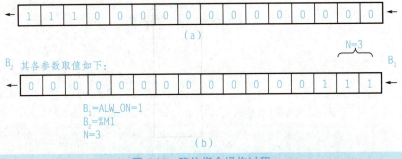

图 5-23 移位指令操作过程
(a)移位前字串；(b)执行移位指令

117

3. 位测试指令

检测字串中指定位的状态，决定当前位是"1"还是"0"，结果输出至"Q"。
位测试指令梯形图如图 5-24 所示。

图 5-24　位测试指令梯形图

当使能端为"1"时，无须上升沿跃变，该指令执行操作如图 5-25 所示：

图 5-25　位测试指令操作过程

其中：
BIT = 5

4. 位置位（BSET）与位清零（BCLR）指令

位置位与位清零指令，功能相反，但参数一致，现以位置位指令为例。
位置位指令梯形图如图 5-26 所示。

图 5-26　位置位指令梯形图

当使能端为"1"时，无须上升沿跃变，该指令操作过程如图 5-27 所示：

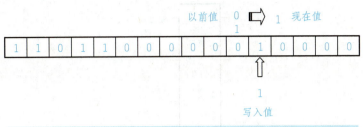

图 5-27 位置位指令操作过程

其中：

BIT = 5

5. 定位指令（BPOS）

搜寻指定字串第一个为"1"的位的位置。

定位指令梯形图如图 5-28 所示。

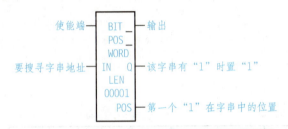

图 5-28 定位指令梯形图

当使能端为"1"时（无须上升沿跃变），该指令操作过程如图 5-29 所示：

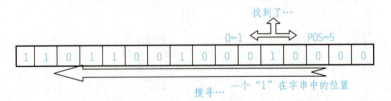

图 5-29 定位指令操作过程

如果，没有找到"1"，则 Q = 0，POS = 0。

6. 屏蔽比较指令（MSKCMP）

比较两个字串相应的每个位的值是否一致。

屏蔽比较指令梯形图如图 5-30 所示。

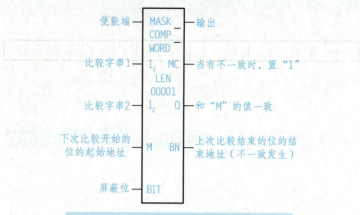

图 5-30 屏蔽比较指令梯形图

当使能端为"1"时(无须上升沿跃变),该指令操作过程如图 5-31 所示:

其参数地址如下:

$I_2 = \%I_2$
$I_2 = \%Q_1$
$M = \%R_1$
$BIT = \%R_{10}$
$MC = \%M_1$
$Q = \%P_1$
$BN = \%R_{10}$

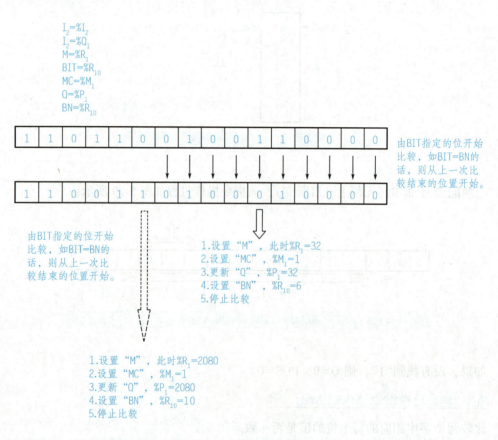

图 5-31 屏蔽指令操作过程

如两个字串完全相等,则 M = 0;BN = 16(字长)。

5.3.8 数据移动指令

GE FANUC PLC 提供的数据移动指令功能见表 5-7。

表 5-7 数据移动指令功能

缩 写	功 能	描 述
MOVE	数据移动指令	数据从一个储存元复制到另外一个存储单元
BLKMOV	块移动指令	可将常数复制到指定单元
BLKCLR	块清零指令	对指定地址清零
SHFP	向右位移指令	将一个或多个数据指令向右移位，最多 256 字节
BITSEQ	查找位指令	向下查找一个字节，最多 256 个字节
SWAP	翻转指令	翻转一个字节中高字节与低字节的位置或者一个双字中前后的位置
COMMREQ	通讯指令	当 CPU 需要读取智能模块数据时，使用该指令

1. 数据移动指令(MOVE)

该指令可以将数据从一个存储单元复制到另一个存储单元。由于数据是以位的格式复制的，所以新的存储单元无须与原存储单元具有相同的数据类型。

MOVE 指令梯形图如图 5-32 所示。

图 5-32 MOVE 指令梯形图

当使能端为"1"时(无须上升沿跃变)，该指令操作过程如图 5-33 所示。

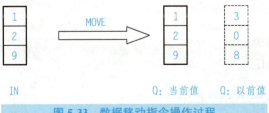

图 5-33 数据移动指令操作过程

该指令支持如下数型：

INT、UINT、DINT、BIT、WORD、DWORD、REAL。

2. 块移动指令

可将 7 个常数复制到指定的存储单元。块移动指令梯形图如图 5-34 所示。

图 5-34 块移动指令梯形图

当使能端为"1"时（无须上升沿跃变），该指令操作过程如图 5-35 所示。

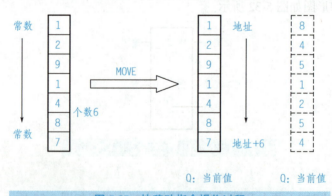

图 5-35 块移动指令操作过程

该指令支持如下数型：

INT、WORD、REAL。

3. 块清零指令（BLKCLR）

对指定的地址区清零。

块清零指令梯形图如图 5-36 所示。

图 5-36　块清零指令梯形图

当使能端为"1"时(无须上升沿跃变),该指令操作过程如图 5-37 所示。

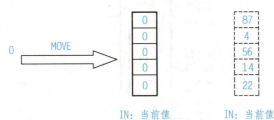

图 5-37　块清零指令操作过程

该指令支持如下数型:WORD。

4. 翻转指令(SWAP)

该指令翻转一个字中高字节与低字节的位置或一个双字中两个字的前后位置。翻转指令梯形图如图 5-38 所示。

图 5-38　翻转指令梯形图

当使能端为"1"(无须上升沿跃变),该指令操作过程如图 5-39 所示。

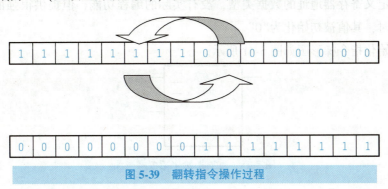

图 5-39　翻转指令操作过程

该指令支持如下数型：

WORD、DWORD。

5. 通信指令（COMMREQ）

当 CPU 需要读取智能模块的数据时，使用该指令。

通信指令梯形图如图 5-40 所示。

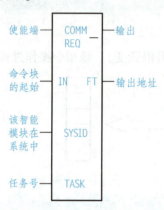

图 5-40　通信指令梯形图

该指令使能端是长信号还是短信号，取决于不同的智能模块。该指令分包含命令块和数据块，其参数都在这两个块中设定。在数据块中，各种智能模块大都有自己的参数，不尽相同，其长度最长可到 127 个字；而命令块则大致相同，其命令块中格式如下。

地址：数据块的长度。

地址+1：等待/不等待标志。

地址+2：状态指针存储器。

地址+3：状态指针偏移量。

地址+4：闲置超时值。

地址+5：最长通信时间。

6. 数据初始化指令（DATA_INIT）

该指令定义寄存器地址的数据类型，没有实际的编程功能，但提供很强的调试功能。在首次编程时，其值被初始化为"0"。

数据初始化指令梯形图如图 5-41 所示。

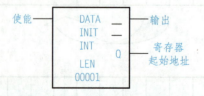

图 5-41　数据初始化指令梯形图

当使能端为"1"(无须上升沿跃变),该指令按照相应的数据格式初始化寄存器数据类型。其常数值输入如下:

LM90

光标移至该指令上,按[F10]键,然后按照屏幕格式输入数据。

Complicity Control

双击该指令,根据屏幕格式输入数据。

另数据初始化指令还包括 DATA_ INIT_ ASCII 指令,其功能上两种指令类似。

5.3.9 数据表格指令

GE FANUC PLC 提供的数据移动指令功能见表 5-8。

表 5-8 数据移动指令功能

缩 写	功 能	描 述
TBLRD	表读出指令	用来顺序读出一个表中的值
TBLWR	表写入指令	用来写入一个表中的值
LIFORD	堆栈读指令	当使能端为 1 时,读入,并指针-1
LIFOWRT	堆栈写指令	当使能端为 1 时,写入,并指针+1
FIFORD	高速读指令	高速读指令
FIFOWRT	高速写指令	高速写指令
SORT	排序指令	对数值进行排序
ARRAY_ MOVE	数组移动指令	从源数组复制到目标数组
SRCH_ EQ	寻找等于	从所有数组中寻找等于一个特殊值的数组
SRCH_ NE	寻找不等于	从所有数组中寻找不等于一个特殊值的数组
SRCH_ GT	寻找大于	从所有数组中寻找大于一个特殊值的数组
SRCH_ GE	寻找大于等于	从所有数组中寻找大于等于一个特殊值的数组
SRCH_ LT	寻找小于	从所有数组中寻找小于一个特殊值的数组
SRCH_ LE	寻找小于等于	从所有数组中寻找小于等于一个特殊值的数组
ARRAY_ RANGE	数列范围	确定一个数组在两个特殊数组范围之间

这些指令提供数据自动移动的能力,该功能用于向数据表中输入数据或从表中拷贝出数据。而对数据表指针的正确使用,是掌握该组指令的要点。

数据移入移出的基本形式如图 5-42 所示:

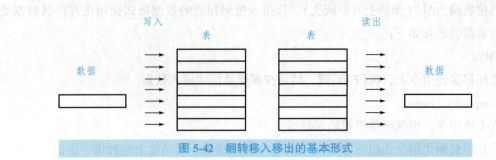

图 5-42 翻转移入移出的基本形式

1. 表读出指令（TBLRD）

用来顺序地读出一个表中的值。

表读出指令梯形图如图 5-43 所示。

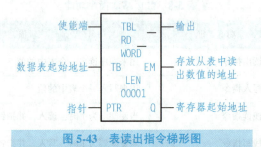

图 5-43 表读出指令梯形图

当使能端为"1"时（无须上升沿跃变），该指令操作过程如图 5-44 所示：

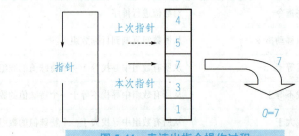

图 5-44 表读出指令操作过程

该指令支持如下数型：
INT、UINT、DINT、WORD、DWORD。

2. 表写入指令（TBLWRT）

表写入指令梯形图如图 5-45 所示。

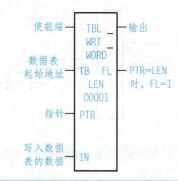

图 5-45　表写入指令梯形图

当使能端为"1"时(无须上升沿跃变)，该指令操作过程如图 5-46 所示。

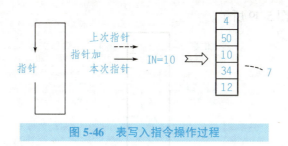

图 5-46　表写入指令操作过程

该指令支持如下数型：
INT、UINT、DINT、WORD、DWORD。

3. 堆栈指令

堆栈指令分为读指令(LIFORD)和写指令(LIFOWRT)，这两条指令一般同时使用。
(1)读指令(LIFORD)。
读指令梯形图如图 5-47 所示。

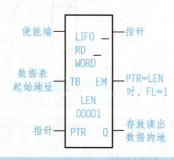

图 5-47　读指令梯形图

当使能端为"1"时(无须上升沿跃变)，该指令操作过程如图 5-48 所示。

127

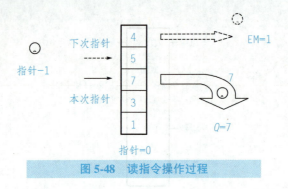

图 5-48 读指令操作过程

该指令支持如下数型：

INT、UINT、DINT、WORD、DWORD。

（2）写指令（LIFOWRT）。

写指令梯形图如图 5-49 所示。

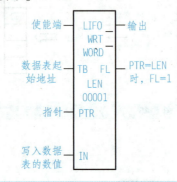

图 5-49 写指令梯形图

当使能端为"1"时（无须上升沿跃变），该指令操作过程如图 5-50 所示。

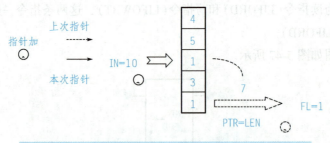

图 5-50 写指令操作过程

该指令支持如下数型：

INT、UINT、DINT、WORD、DWORD。

4. 数组移动指令（ARRAY_MOVE）

从源数组复制指定数据到目标数组。

数组移动指令梯形图如图 5-51 所示。

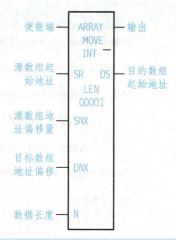

图 5-51 数组移动指令梯形图

当使能端为"1"时(无须上升沿跃变),该指令操作过程如图 5-52 所示。

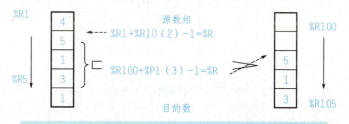

图 5-52 数组移动指令操作过程

其各参数取值如下:
SR:%R1
SRX:%R10=2
DNX:%P1=3
N:%P10=3
DS:%R100

该指令支持如下数型:
INT、UINT、DINT、BIT、BYTE、WORD、DWORD。

5.3.10 数据转换指令

GE FANUC PLC 提供的数据转换指令功能见表 5-9。

表 5-9 数据转换指令

缩 写	功 能	描 述
BCD-4	转换 4 位二进制	将数字转换成一个 4 位的二进制指令
BCD-8	转换 8 位二进制	将数字转换成一个 8 位的二进制指令
UINT	定义无符号整数	将 4 位的二进制转换为无符号整数
INT	定义单字节整数	定义一个 4 位的二进制位单字节整数
DINT	定义双字节整数	定义一个 8 位的二进制位双字节整数
REAL	实数指令	将 4 位二进制、8 位二进制转换为实数
TRUN	高斯指令	将一个数取整

该组指令语法大同小异,现以 BCD-4 转 INT 指令为例。

数据转换指令梯形图如图 5-53 所示。

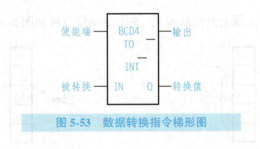

图 5-53 数据转换指令梯形图

注释:

使能端:使能端;

IN:被转换值;

Q:转换值。

使能端为"1"时(无须上升沿跃变),把 IN 端的值转换成程序所指定的值,并存放在 O 端。

5.3.11 控制指令

GE FANUC PLC 提供的控制指令功能见表 5-10。

表 5-10 控制指令功能

缩 写	描 述
CALL	执行程序
CALL EXTERNAL	执行外部程序

续表

缩　写	描　述
CALL SUBROUTINE	执行子程序
DOIO	立即对指定范围内的输入和输出进行一次扫描（包括在 DO I/O 指令所声明的地址范围内的模块的全部输入或输出点均被扫描。不对局部 I/O 模块进行更新）。可选择的是，已扫描 I/O 的拷贝可放在内部存储器中，而不是在实际输入点上
SUSIO	中止对所有正常 I/O 点的更新扫描，除了由 DO I/O 指令所指定的那些 I/O 点
MCR	编制一个主控继电器程序。MCR 可使处于 MCR 和 ENDMCR 之间所有逻辑行即使没有电流输出也可执行
ENDMCR	用于指明其后的各级逻辑在正常条件下执行
JUMP	使程序转向逻辑中的另一个位置（由 LABEL）指出
LABEL	用于指明 JUPM 所转向的位置
COMMENT	在程序中加入一段注释
FOR、END-FOR、EXIT	循环执行某一逻辑
SVCREQ	请求进行下列 PLC 服务功能之一：改变/读取定值扫描计时器；读窗口值；改变编程器通信窗口状态和数值；改变系统通信窗口状态和数值；改变/读取校验和任务状态"和"字的序号；改变/读取时钟状态"和"值；复位 WATCHDOG 定时器；读取从扫描开始的扫描时间；读出此块所在的程序名；读取 PLC ID；读取 PLC 的运行状态；终止 PLC；清除故障表；读取最后登录进故障表的内容；读取已过去的时间；屏蔽/非屏蔽 I/O 中断；读取 I/O 过载状态；设置运行允许/禁止；读故障表；登录用户定义的 PLC 故障；屏蔽/非屏蔽定时中断；读主校验和；允许/禁止 EXE 块校验和；任务选择开头；写入交换传输区；读取交换传输区
PID	提供两种 PID（比例/积分/微分）闭环控制算法：标准 ISA PID 算法（PIDSA）和单独项算法（PIDIND）

该组指令提供控制 PLC 程序运行顺序的功能。

1. 调用子程序（CALL，CALL EXTERNAL）

提供模块化编程的功能。如图 5-54 所示。

图 5-54　提供模块化编程的功能

该指令操作过程如图 5-55 所示。

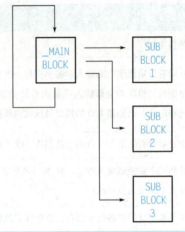

图 5-55　调用子程序指令操作过程

2. 分支指令（MCR、ENDMCR）

变更程序的执行顺序。

分支指指梯形图如图 5-56 所示。

图 5-56　分支指令梯形图

该指令执行如下功能：

（1）MCR 和 END_ MCR 之间的程序被忽略，不执行。

（2）其中间的子程序不被调用。

（3）其中间计时器当前值被清零。

（4）其中间所用的常开线圈被复位。

> 注：
> （1）MCR 和 END_ MCR 的名字必须一致。
> （2）任意几个 MCR 和 END_ MCR 之间不能交叉使用。
> （3）MCR 和 END_ MCR 可以嵌套使用，其嵌套深度由 CPU 的类型决定。

3. 跳转指令（JUMP、LABLE）

变更程序的执行顺序。

跳转指令梯形图如图 5-57 所示。

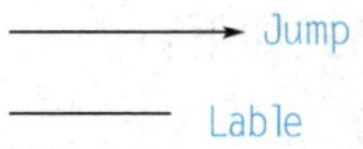

该指令执行如下功能：

(1) JUMP 和 LABLE 之间的程序被忽略，不执行。

```
————————→ Jump
———————————— Lable
```

图 5-57　跳转指令梯形图

(2) 其中间的子程序不被调用。

(3) 其中间的计时器当前值被保持。

(4) 其中间程序的执行结果保持上一次的执行结果。

> 注：
> (1) JUMP 和 LABLE 的名字必须一致。
> (2) 任意几个 JUMP 和 LABLE 之间不能交叉使用。
> (3) JUMP 和 LABLE 可以嵌套使用，其嵌套深度由 CPU 的类型决定。

4. PLC Service Request（SVCREQ）

该指令提供一系列 PLC 的功能指令。

SVC 指令梯形图如图 5-58 所示。

图 5-58　SVC 指令梯形图

当使能端为"1"时（无须上升沿跃变），该指令执行 FNC 处指定的功能。

(1) #7 读写系统时钟（FNC＝7）。

0＝读系统时钟 1＝设置系统时针	地址 1（word 1）
0＝十进制数 1＝BCD 码格式 2＝解包 BCD 码格式 3＝打包 ASCII 格式	地址 2（word2）
数据	地址 3（word3）

其时间格式如下：
十进制数

年
月
日
时
分
秒
周

地址 3(word 3)

BCD 码

月	年
时	日
秒	分
（空）	周

地址 3(word 3)

解包 BCD 码

年（十位数，个位数各用 BCD 码表示）
月（十位数，个位数各用 BCD 码表示）
日（十位数，个位数各用 BCD 码表示）
时（十位数，个位数各用 BCD 码表示）
分（十位数，个位数各用 BCD 码表示）
秒（十位数，个位数各用 BCD 码表示）
周（十位数，个位数各用 BCD 码表示）

地址 3(word 3)

打包 ASCII 码

年（个位数）	年（十位数）
月（十位数）	空格
空格	月（个位数）
日（个位数）	日（十位数）
时（十位数）	空格
：	时（个位数）
分（个位数）	分（十位数）
秒（个位数）	：
空格	秒（十位数）
周（个位数）	周（30h）

地址 3(word 3)

(2) #14 清除 PLC 故障表中的登录错误(FNC=14)。

0=清除 PLC 故障表中的故障
1=清除 I/O 故障表中的故障

地址 1(word 1)

(3) #13 关闭 PLC(FNC=13)8。

该指令无须参数，但在 PARM 中必须填写一个地址，否则语法错误。

5.4　SIMATIC 系列可编程控制器简介

西门子(SIEMENS)公司生产的可编程序控制器 PLC 在我国的应用也相当广泛，在冶金、化工、印刷生产线等领域都有应用。西门子(SIEMENS)公司的 PLC 产品包括 LOGO、S7-200(CN)、S7-1200、S7-300、S7-400、工业网络、HMI 人机界面、工业软件等。西门子 S7 系列 PLC 体积小、速度快、标准化，具有网络通信能力，功能更强、可靠性更高。S7 系列 PLC 产品可分为微型 PLC(如 S7-200)、小规模性能要求的 PLC(如 S7-300)和中、高性能要求的 PLC(如 S7-400)等。

5.4.1　SIMATIC S7-200

S7-200 PLC 是超小型化的 PLC，它适合于各行各业，用于各种场合中的自动检测、监测及控制等。S7-200 PLC 的强大功能使其无论单机运行，或连成网络都能实现复杂的控制功能。S7-200 PLC 可提供 4 个不同的基本型号和 8 种 CPU 供选择使用。

S7-200 的主机单元集成一定数字 I/O 点的 CPU 共有两个系列：CPU21X(CPU212、214、215、216，为 S7-200 的第一代产品)及 CPU22X(CPU221、222、224、226、226XM)。CPU22X 系列见表 5-11。

表 5-11　CPU22X 系列

CPU22X 系列	CPU221	CPU222	CPU224	CPU226	CPU226XM
本机 DI/DO	6入/4出	8入/6出	14入/10出	24入/16出	24入/16出
扩展后最大输入/输出	无 I/O 扩展能力	2个模块	7个模块	7个模块	7个模块
		数字 40/38	数字 94/74	数字 128/120	数字 128/120
		模拟(8入/2出)或4出	模拟(28入/7出)或14出	模拟(28入/7出)或14出	模拟(28入/7出)或14出

续表

CPU22X 系列	CPU221	CPU222	CPU224	CPU226	CPU226XM
存储器	6 KB	6 KB	13 KB	13 KB	26 KB
30 kHz 高速计数器	4个	4个	6个	6个	6个
20 kHz 高速脉冲输出	2路	2路	2路	2路	2路
PID 控制器	无	有	有	有	有
RS-485 通信/编程口	1个	1个	1个	2个	2个
PPI 点对点协议	有	有	有	有	有
MPI 多点协议	有	有	有	有	有
自由方式通信	有	有	有	有	有
其他	适用于小型数字量控制	是具有扩展能力、适应性更广泛的小型PLC	是具有较强控制能力的小型PLC	用于有较高要求的中、小型控制系统	用于较高要求的中、小型控制系统

S7-200 系列目前可以提供三大类共 9 种数字量输入输出扩展模板，见表 5-12。

表 5-12 数字量输入输出扩展模板

名称	型号	I/O 点数
数字量输入(DI)扩展模板	EM221	8 点 DC 输入(光电耦合器隔离)
数字量输出(DO)扩展模板	EM222	8 点 24VDC 输出
		8 点继电器输出
数字量混合输入/输出(DI/DO)扩展模板	EM223	24VDC 4 入/4 出
		24VDC 4 入/继电器 4 出
		24VDC 8 入/8 出
		24VDC 8 入/继电器 8 出
		24VDC 16 入/16 出
		24VDC 16 入/继电器 16 出

模拟量扩展单元模板见表 5-13。

5.4 SIMATIC 系列可编程控制器简介

表 5-13 模拟量扩展单元模板

名称	型号	I/O 点数
模拟量输入(AI)扩展模板	EM231	4 路 12 位模拟量输入
模拟量输出(AO)扩展模板	EM232	2 路 12 位模拟量输出
模拟量混合输入/输出(AI/AO)扩展模板	EM235	4 路模拟量输入/1 路模拟量输出

智能模板见表 5-14。

表 5-14 智能模板

名称	型号	功能
通信处理器	EM277	是连接 SIMATIC 现场总线 PROFIBUS-DP 从站的通信模板,可将 S7-200 CPU 作为现场总线 PROFIBUS-DP 从站接到网络中
通信处理器	CP243-2	是 S7-200 的 AS-i 主站,通过连接 AS-i 可显著地增加 S7-200 的数字量输入/输出点数。每个主站最多可连接 31 个 AS-i 从站。S7-200 最多可同时处理 2 个 CP243-2,每个 CP243-2 的 AS-i 上最大有 124DI/124DO

此外还有一些其他特殊的功能模块。所有这些模块可以十分方便地组成不同规模的控制器。其控制规模可以从几点到几百点。S7-200PLC 可以方便地组成 PLC-PLC 网络和微机-PLC 网络,从而完成规模更大的工程。

其他设备见表 5-15。

表 5-15 其他设备

分类	名称	备注
编程设备	手持编程器	PG702
编程设备	图形编程器	PG740Ⅱ、PG760Ⅱ
编程设备	PC 机	使用专用编程软件,S7-200 使用 STEP7-Micro/WIN32V3.1 通过一条 PC/PPI 电缆将用户程序送入 PLC 中
人机操作界面 HMI	文本显示器	TD200 是操作员界面,不需要单独电源,只需将其连接电缆接到 CPU22X 的 PPI 接口上,用 STEP7-Micro/WIN 进行编程
人机操作界面 HMI	触摸屏	TP070、TP170A、TP170B 及 TP7、TP27

5.4.2 SIMATIC S7-300

PLC S7-300 是模块化小型 PLC 系统,能满足中等性能要求的应用。各种单独的模块之间可进行广泛组合构成不同要求的系统。与 S7-200 PLC 比较,S7-300 PLC 采用模块化结构,具备高的指令运算速度;用浮点数运算较为有效地实现了更为复杂的算术运算;一个带标准用户接口的软件工具方便用户给所有模块进行参数赋值;方便的人机界面服务已经集成在 S7-300 操作系统内,人机对话的编程要求大大减少。SIMATIC 人机操作界面(HMI)从 S7-300 中取得数据,S7-300 按用户指定的刷新速度传送这些数据。S7-300 操作系统自动地处理数据的传送;CPU 的智能化的诊断系统连续监控系统的功能是否正常、记录错误和特殊系统事件(例如:超时、模块更换等);多级口令保护可以使用户高度、有效地保护其技术机密,防止未经允许的复制和修改;S7-300 PLC 设有操作方式选择开关,操作方式选择开关像钥匙一样可以拔出,当钥匙拔出时,就不能改变操作方式,这样就可防止非法删除或改写用户程序。具备强大的通信功能,S7-300 PLC 可通过编程软件 Step 7 的用户界面提供通信组态功能,这使得组态非常容易、简单。S7-300 PLC 具有多种不同的通信接口,并通过多种通信处理器来连接 AS-I 总线接口和工业以太网总线系统;串行通信处理器用来连接点到点的通信系统;多点接口(MPI)集成在 CPU 中,用于同时连接编程器、PC 机、人机界面系统及其他 SIMATIC S7/M7/C7 等自动化控制系统。

5.4.3 SIMATIC S7-400

PLC S7-400 PLC 是用于中、高档性能范围的可编程序控制器。S7-400 PLC 采用模块化无风扇的设计,可靠、耐用,同时可以选用多种级别(功能逐步升级)的 CPU,并配有多种通用功能的模板,这使用户能根据需要组合成不同的专用系统。当控制系统规模扩大或升级时,只要适当地增加一些模板,便能使系统升级和充分满足需要。

5.4.4 工业通信网络

通信网络是自动化系统的支柱,西门子的全集成自动化网络平台提供了从控制级一直到现场级的一致性通信,"SIMATIC NET"是全部网络系列产品的总称,其在工厂的不同部门、不同的自动化站以及通过不同的级交换数据,有标准的接口,并且相互之间完全兼容。

5.4.5 人机界面(HMI)硬件

HMI 硬件配合 PLC 使用,为用户提供数据、图形和事件显示,主要有文本操作面板 TD200(可显示中文)、OP3、OP7、OP17 等;图形/文本操作面板 OP27、OP37 等;触摸屏操作面板 TP7、TP27/37、TP170A/B 等；SIMATIC 面板型 PC670 等。个人计算机（PC）也可以作为 HMI 硬件使用。HMI 硬件需要经过软件（如 ProTool）组态才能配合 PLC 使用。

5.4.6 SIMATIC S7 工业软件

西门子的工业软件分为三个不同的种类：

1. 编程和工程工具

编程和工程工具包括所有基于 PLC 或 PC 用于编程、组态、模拟和维护等控制所需的工具。STEP 7 标准软件包 SIMATIC S7 是用于 S7-300/400、C7 PLC 和 SIMATIC WinAC 基于 PC 控制产品的组态编程和维护的项目管理工具，STEP 7-Micro/WIN 是在 Windows 平台上运行的 S7-200 系列 PLC 的编程、在线仿真软件。

2. 基于 PC 的控制软件

基于 PC 的控制系统 WinAC 允许使用个人计算机作为可编程序控制器（PLC）运行用户的程序，运行于安装了 Windows NT4.0 操作系统的 SIMATIC 工控机或其他任何商用机上。WinAC 提供两种 PLC，一种是软件 PLC，在用户计算机上作为视窗任务运行；另一种是插槽 PLC（在用户计算机上安装一个 PC 卡），它具有硬件 PLC 的全部功能。WinAC 与 SIMATIC S7 系列处理器完全兼容，其编程采用统一的 SIMATIC 编程工具（如 STEP 7），编制的程序既可运行在 WinAC 上，也可运行在 S7 系列处理器上。

3. 人机界面软件

人机界面软件为用户自动化项目提供人机界面（HMI）或 SCADA 系统，支持大范围的平台。人机界面软件有两种，一种是应用于机器级的 ProTool，另一种是应用于监控级的 WinCC。ProTool 适用于大部分 HMI 硬件的组态，从操作员面板到标准 PC 都可以用集成在 STEP 7 中的 ProTool 有效地完成组态。ProTool/lite 用于文本显示的组态，如 OP3、OP7、OP17、TD17 等。ProTool/Pro 用于组态标准 PC 和所有西门子 HMI 产品，ProTool/Pro 不只是组态软件，其运行版也用于 Windows 平台的监控系统。WinCC 是一个真正开放的，面向监控与数据采集的 SCADA（Supervisory Control and Data Acquisition）软件，可在任何标准 PC 上运行。WinCC 操作简单，系统可靠性高。

5.4.7 典型 PLC 类型及选用

现在常用的西门子 PLC 有 S7-200、S7-300、S7-400 三种。其主要的引用场合如下：

S7-200 用于小型的电气控制系统中，着重于逻辑控制。

S7-300 用于稍大系统，可实现复杂的工艺控制，如 PID、脉宽调制等。

S7-400 用于大型控制系统，主要是实现冗余控制。

三者主要的硬件区别如下：

(1)最主要的区别就是 S7-300/400 更模块化了，S7-200 系列是整体式的，CPU 模块、I/O 模块和电源模块都在一个模块内，称为 CPU 模块；而 S7-300/400 系列，电源、I/O、CPU 都是单独模块的。但是这么说容易让人误解 200 系列不能扩展，实际上 200 系列也可以扩展，只不过买来的 CPU 模块集成了部分功能，一些小型系统不需要另外定制模块。200 系列的模块也有信号、通信、位控等模块。

(2)200 系列的机架，称为导轨；为了便于分散控制，300/400 系列的模块装在一根导轨上的，称为一个机架，与中央机架对应的是扩展机架，机架还在软件里反映出来。

(3)200 系列的同一机架上的模块之间是通过模块正上方的数据接头联系的；而 300/400 则是通过在底部的 U 形总线连接器连接的。

(4)300/400 系列的 I/O 输入是接在前连接器上的，前连接器再接在信号模块上，而不是 I/O 信号直接接在信号模块上，这样可以更换信号模块而不用重新接线。

(5)300/400 系列的 CPU 带有 profibus(profibus 是一种国际化、开放式，不依赖于设备生产商的现场总线标准)接口。

三者主要的软件区别如下：

(1)200 系列使用的是 STEP7-Micro/WIN32 软件；300/400 使用的是 STEP7 软件，带了 Micro 和不带的区别是相当明显的。

(2)200 系列的编程语言有三种——语句表(STL)、梯形图(LAD)、功能块图(FBD)；300/400 系列的除了这三种外，还有结构化控制语言(SCL)和图形语言(S7 graph)。

(3)300/400 软件最大的特点就是提供了一些数据块来对应每一个功能块（Block-FB），称为 Instance。

(4)300/400 再也不能随意地的自定义 Organization Block、sub-routine 和 Interrupt routine 了。

(5)300/400 中提供了累加器(ACCU)、状态字寄存器和诊断缓冲区。

思考与练习

(1) PLC 有哪些组成？有什么特点？

(2) PLC 的软件部分包含哪些组成？其特点是什么？

(3) 内装型 PLC 的特点是什么？

(4) 独立型 PLC 的特点是什么？

(5) 简述 PLC 的工作过程和特点。

(6) 列举常见的西门子 PLC 的规格，并简述其区别。

参 考 文 献

[1] 邵泽强. 数控机床装调技术综合实训[M]. 北京：机械工业出版社，2016.
[2] 邵泽强，王晓忠. 机床数控技术基础[M]. 北京：电子工业出版社，2013.
[3] 梁桥康，王耀南. 数控系统[M]. 北京：清华大学出版社，2015.
[4] 杨金鹏. 数控系统调试与维修企业案例选集——校企合作经典企业案例[M]. 四川：西南交通大学出版社，2015.
[5] 张亚萍，顾军. 数控系统的安装与调试[M]. 上海：上海交通大学出版社，2012.
[6] 杨金鹏，曾祥兵. 数控系统调试与维护[M]. 四川：西南交通大学出版社，2014.